宠物大本营

宠物图书编委会 编

名优赏玩鸟品种图鉴

MINGYOU SHANGWAN NIAO PINZHONG TUJIAN

化学工业出版社

·北京·

编委会人员

李洁、李志雁、张庆、李淳朴、霍秀兰、张来兴、陈方莹、徐栋、赵健、张萍、边疆、石磊、张文艳、李良、薛翠玲、顾新颖、李彩燕、季慧

本书可作为广大鸟类养殖者及爱鸟人士的养鸟指南。书中精选了139个品种的观赏鸟、鸣唱鸟、表演鸟及学舌鸟，详细介绍了每种鸟的种类、外观特征、繁殖期、产卵数、雌雄差异、食性、产地和主要栖息地，也对饲养注意事项进行了简明扼要的介绍。本书为每种鸟配以高清晰图片，逐一介绍了鸟身体各部位的主要特征，全书以图鉴的形式展现，方便广大读者查阅。本书还对每种鸟的生活习性做了简要介绍，使养鸟初学者能够通过本书了解鸟的基本信息，为饲养选择做好准备。若想对各种鸟有更加详细的了解，并且希望了解更多的饲养方法，不妨翻阅此书，于书中寻找答案。

图书在版编目（CIP）数据

名优赏玩鸟品种图鉴/宠物图书编委会编. —北京：化学工业出版社，2023.4
（宠物大本营）
ISBN 978-7-122-42895-0

Ⅰ.①名… Ⅱ.①宠… Ⅲ.①鸟类-品种-图集
Ⅳ.①Q959.7-64

中国国家版本馆CIP数据核字（2023）第022649号

责任编辑：李　丽　　　装帧设计：尹琳琳
责任校对：王　静

出版发行：化学工业出版社（北京市东城区青年湖南街13号　邮政编码100011）
印　　装：盛大（天津）印刷有限公司
889mm×1194mm 1/32　印张9 1/2　字数246千字　2023年5月北京第1版第1次印刷

购书咨询：010-64518888　　　售后服务：010-64518899
网　　址：http://www.cip.com.cn
凡购买本书，如有缺损质量问题，本社销售中心负责调换。

定　　价：79.00元

前言

鸟是大自然的可爱精灵，人们应该珍惜它、热爱它。养鸟在我国具有悠久的历史，根据《礼记》《诗经》和《山海经》中的记载，我们的祖先很早就有爱鸟、养鸟的传统。几千年前，人们会在狩猎中留下体形较小、性格温顺、容易养活的野鸟进行饲养，经过长期的驯化，一部分野鸟变成了家禽，如鸡、鸭、鹅等，成为满足人们温饱的重要组成部分。

随着生活水平的提高，人们对那些羽毛漂亮、鸣声动听、姿态动人的鸟产生了兴趣，他们从野外把这些鸟带回家，或从雏鸟开始将它们养大，与鸟共同生活，开始了以观赏和驯养为主的养鸟活动。养鸟能陶冶情操、调剂生活，饲养一些名贵品种还能带来经济效益。当听到鸟的鸣叫、看到它们优美的姿态和华丽的羽毛时，人们的精神也会得到享受。因而笼养鸟这一爱好也就此流传了下来。

本书可作为广大鸟类养殖者及爱鸟人士的养鸟指南。书中详细介绍了每种鸟的产地、分布、习性、繁殖情况以及饲养方法，并配以高清图片，介绍了不同鸟种的身体特征，方便广大读者辨认。关于饲养方法也给出了相关建

议，可为饲养者提供参考。作为笼养鸟对比野生鸟，常显得缺乏生机，只有学会科学饲养的方法，尊重鸟的习性，爱护它，珍惜它，才能成为鸟的朋友，让它们在人类身边自在而有趣地生活。本书内容实用，但书中也难免存在一些不足之处，欢迎广大读者批评指正。

目录

了解鸟

鸟类的进化 / 2

鸟类的身体结构 / 3

羽毛类型和毛色 / 3

鸟类的喙 / 4

鸟类的翅形 /5

鸟类的尾形 / 5

鸟类的足趾 / 6

鸟类的飞行轨迹 / 7

如何选择观赏鸟 / 8

观赏鸟

红头长尾山雀 / 12

七彩文鸟 / 14

红梅花雀 / 16

斑胸草雀 / 18

红寡妇鸟 / 20

环喉雀 / 22

白眉姬鹟 / 24

金丝雀 / 26

鸲姬鹟 / 28

金翅雀 / 30

白腰朱顶雀 / 32

蓝喉太阳鸟 / 34

红额金翅雀 / 36

费氏牡丹鹦鹉 / 38

白腹蓝鹟 / 40

黄胸鹀 / 42
凤头鹀 / 44
红胁蓝尾鸲 / 46
金色林鸲 / 48
红嘴相思鸟 / 50
北红尾鸲 / 52
蓝额红尾鸲 / 54
银胸丝冠鸟 / 56
长尾阔嘴鸟 / 58
戴胜 / 60
三宝鸟 / 62
太平鸟 / 64
小太平鸟 / 66
灰喉山椒鸟 / 68
灰背椋鸟 / 70
赤红山椒鸟 / 72
金额叶鹎 / 74
橙腹叶鹎 / 76
火斑鸠 / 78
绿翅金鸠 / 80
厚嘴绿鸠 / 82
大拟啄木鸟 / 84
棕胸佛法僧 / 86
东玫瑰鹦鹉 / 88

鸣唱鸟

暗绿绣眼鸟 / 92
红胁绣眼鸟 / 94
绒额䴓 / 96
黄颊山雀 / 98
山蓝仙鹟 / 100
蓝歌鸲 / 102
火尾希鹛 / 104
大山雀 / 106
红尾水鸲 / 108
蓝翅希鹛 / 110
栗鹀 / 112
红腹灰雀 / 114
小云雀 / 116
文须雀 / 118
黑枕王鹟 / 120
银耳相思鸟 / 122
红耳鹎 / 124
白喉矶鸫 / 126
白喉红臀鹎 / 128
画眉鸟 / 130
橙头地鸫 / 132

紫啸鸫 / 134
灰头鸫 / 136
赤尾噪鹛 / 138
红翅薮鹛 / 140
白颊噪鹛 / 142
橙翅噪鹛 / 144
白额燕尾 / 146
黑领噪鹛 / 148
白冠噪鹛 / 150

表演鸟

斑文鸟 / 154
黄雀 / 156
棕头鸦雀 / 158
白腰文鸟 / 160
爪哇禾雀 / 162
树麻雀 / 164
燕雀 / 166
红交嘴雀 / 168
黑尾蜡嘴雀 / 170
锡嘴雀 / 172
黑头蜡嘴雀 / 174

宝石姬地鸠 / 176
白头鹎 / 178
黑头凯克鹦鹉 / 180
灰伯劳 / 182
虹彩吸蜜鹦鹉 / 184
蓝翡翠 / 186
雀鹰 / 188
珠颈斑鸠 / 190
鸡尾鹦鹉 / 192
灰喜鹊 / 194
喜鹊 / 196

学舌鸟

虎皮鹦鹉 / 200
喋喋吸蜜鹦鹉 / 202
角百灵 / 204
凤头百灵 / 206

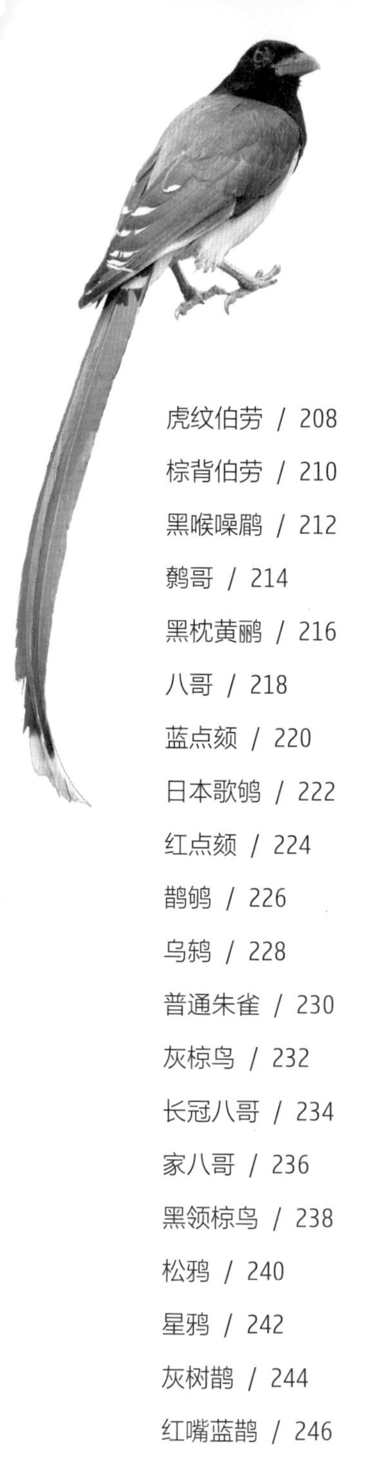

虎纹伯劳 / 208

棕背伯劳 / 210

黑喉噪鹛 / 212

鹩哥 / 214

黑枕黄鹂 / 216

八哥 / 218

蓝点颏 / 220

日本歌鸲 / 222

红点颏 / 224

鹊鸲 / 226

乌鸫 / 228

普通朱雀 / 230

灰椋鸟 / 232

长冠八哥 / 234

家八哥 / 236

黑领椋鸟 / 238

松鸦 / 240

星鸦 / 242

灰树鹊 / 244

红嘴蓝鹊 / 246

大嘴乌鸦 / 248

蓝绿鹊 / 250

白颈鸦 / 252

小嘴乌鸦 / 254

渡鸦 / 256

橙翅亚马孙鹦鹉 / 258

黄冠亚马孙鹦鹉 / 260

灰鹦鹉 / 262

大紫胸鹦鹉 / 264

绯胸鹦鹉 / 266

花头鹦鹉 / 268

红领绿鹦鹉 / 270

葵花凤头鹦鹉 / 272

戈芬氏凤头鹦鹉 / 274

粉红凤头鹦鹉 / 276

裸眼凤头鹦鹉 / 278

大白凤头鹦鹉 / 280

鲑色凤头鹦鹉 / 282

亚历山大鹦鹉 / 284

太阳锥尾鹦鹉 / 286

折衷鹦鹉 / 288

琉璃金刚鹦鹉 / 290

紫蓝金刚鹦鹉 / 292

五彩金刚鹦鹉 / 294

了解鸟

说到鸟，人们都知道它是一种飞行动物。按照生物学分类，鸟是脊椎动物的一类。从身体特征看，鸟身体呈流线形，体表被覆羽毛；温血卵生，用肺呼吸，有坚硬的喙，前肢演化为翅，后肢能行走，大多数有飞翔能力。

鸟的体形大小不一，既有很小的蜂鸟，也有体形巨大的鸵鸟，既有飞翔于天空的，也有地上蹦跳奔跑的，还有在海上生活善于游泳的，如企鹅。大多数的鸟类都是树栖生活。它们食性复杂，虫、草、鱼以及其他小型动物在不同鸟类的食谱上都可以看到。鸟与人类在漫长的历史时光里共同生存，它们消灭农林害虫，为整个自然界的生态平衡做出了贡献。

鸟类有绚丽的羽色、优美的姿态、动听的鸣叫、独特的生活习性，它们是人类的朋友，它们的存在让人类生活更加丰富，它们也是世界不可缺少的组成部分。

鸟类的进化

鸟类从何而来？众多生物学家、鸟类学家对此久久探寻。与其他生物相似，鸟类也是历经低级到高级、简单到复杂、原始到现代，也即经过漫长的过程进化而来的。1868年，英国生物学家赫胥黎提出了鸟类起源于恐龙的假说。

1927年，丹麦古生物学家海尔曼在其著作《鸟类的起源》中提出，鸟和恐龙可能有一种共同的祖先，是由比恐龙更加原始的古老类群槽齿类爬行动物进化而来。

随着世界各地发现的各种恐龙和早期鸟类化石，“鸟类恐龙起源说”逐渐盛行。带有羽毛的“始祖鸟”恐龙化石让学者们把鸟类和恐龙关联在一起。保存了真正分叉羽毛的中华龙鸟化石的发现更加引起了古生物学界的轰动，被认为是该学说的最重要的证据。鸟类的起源至今仍然是一个复杂的问题，并无定论。

鸟的身体结构（红嘴相思鸟）

鸟类的身体结构

从古到今，人们都对天空充满向往，渴望像小鸟一样自由飞翔。为什么鸟儿会飞呢？这是由鸟类特有的身体结构决定的，它们全身的构造都和飞行有关。

鸟类骨骼中空充气，无牙，可飞行的鸟类无膀胱，这极大地减轻了鸟体的重量，更有利于它们的飞翔。鸟类视觉敏锐，利于在高空中捕捉目标踪迹，能在高速飞行中捕食。

鸟类能够飞行与它们拥有一双翅膀是分不开的。鸟的翅膀由前肢演化而来，展开后如同巨大的扇子，翅膀在空气中扇动，可以带来上升的动力；鸟的绝大部分身体覆盖着羽毛，这些羽毛质地又轻又结实，羽根能分泌油脂，有防水和消噪声的作用。

羽毛类型和毛色

鸟类的羽毛可以分为四种类型：体羽、绒羽、尾羽和翼羽。其中，尾羽和翼羽长而坚硬，用于飞行；体羽相对细小，覆盖鸟类全身，保证鸟的身体温暖干燥，形成流线型的轮廓，利于飞行；体羽下是绒毛状的绒羽，它能留住空气，形成保暖层。

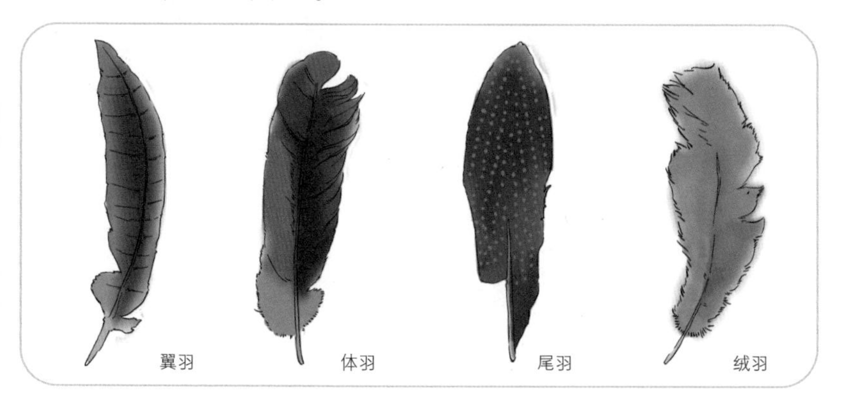

鸟类的喙

鸟类的外形千奇百怪，喙主要承担着觅食任务。物竞天择，适者生存，为适应不同的生活方式，鸟类生长出各种不同外形的喙。

鸬鹚

1.粗而长，前端有钩，利于捕鱼，如鸬鹚。

2.长而尖，利于吸吮花蜜，如蜂鸟。

蜂鸟

啄木鸟

3.长而硬，能啄开树皮，找到害虫，如啄木鸟。

4.宽喙便于在水中滤取食物，如绿头鸭。

绿头鸭

兀鹫

5.上喙边缘有弧形的垂突，利于撕裂猎物，如兀鹫。

鸟类的翅形

想要准确识别各种鸟类，就要了解它们的形态特征和行为特征。鸟类的翅形可以帮助我们进行初步辨识，这也是最直观的判断。翅形按翅端的形状大致可分为三种：尖形、圆形、方形。

▼尖形：指外侧飞羽最长，内侧飞羽逐渐短缩，形成尖形翼端。例如海鸥。

▼方形：外侧飞羽和内侧飞羽几乎同样长度，形成方形翼端。例如凤头麦鸡。

▼圆形：外侧和内侧飞羽短，中间飞羽长，形成圆形翼端。例如苍鹰。

鸟类的尾形

鸟类尾形形态多样，大致有凹尾、叉尾、平尾、圆尾、凸尾、楔尾、尖尾、铗尾等。有的鸟类特征明显，根据一枚尾羽就能辨识。

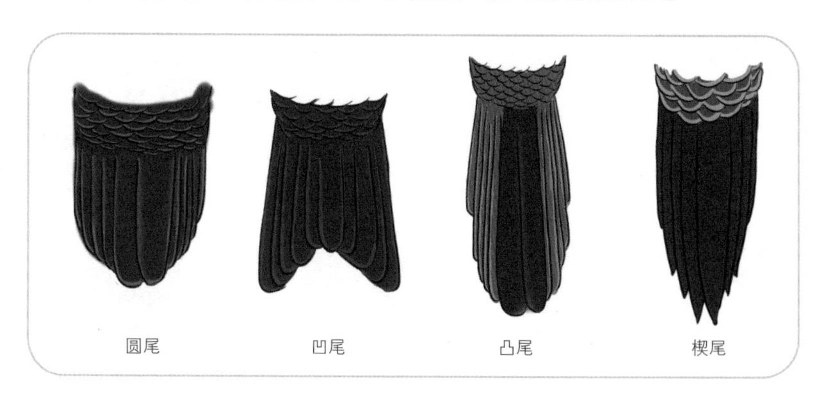

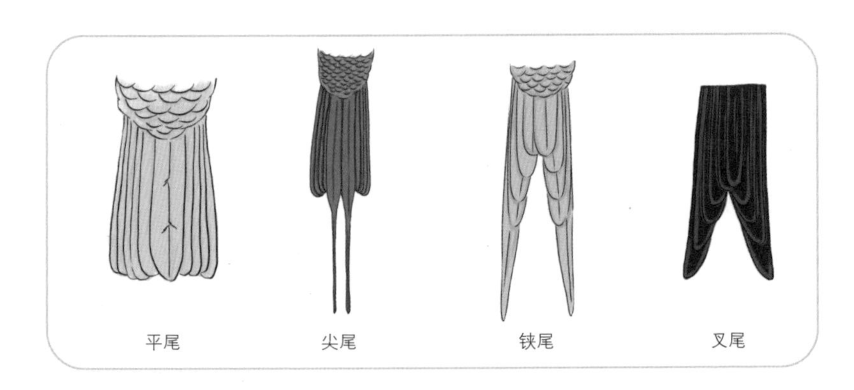

鸟类的足趾

不论是站立还是飞行，是跳跃还是迈步，鸟类的足型都体现出其自身生活习性的需求。有些鸟爪强健有力，便于抓握，而有些鸟爪间有膜，能够在水中滑行。

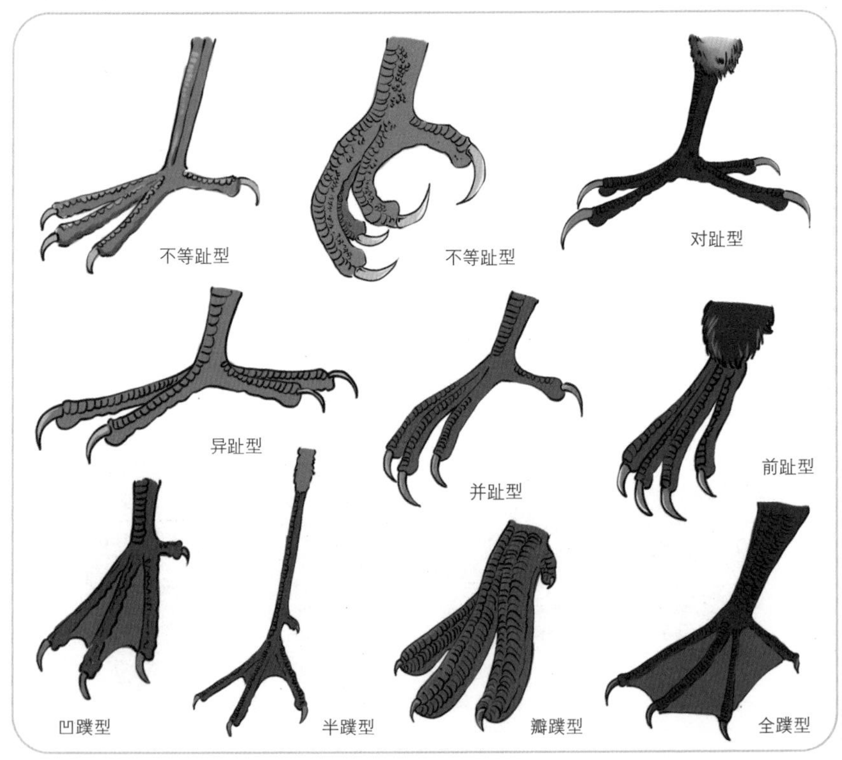

鸟类的飞行轨迹

当鸟在高空飞行时，会形成不同的飞行姿态。有经验的养鸟者能够根据鸟类飞行的姿态判断鸟的种类。

1. 拍翼均匀，路线笔直，大部分小型鸟类如鸽类、雁类、乌鸦类都呈现这样的飞行姿态。

2. 先拍翼使身体升高，然后收拢翅膀向前冲，如雀科鸟类。

3. 用力拍翼，然后进行长距离滑翔，很多大型鸟类都采用这种飞行方式。

4. 在空中盘旋或滑翔，遇到上升气流时再次升高。

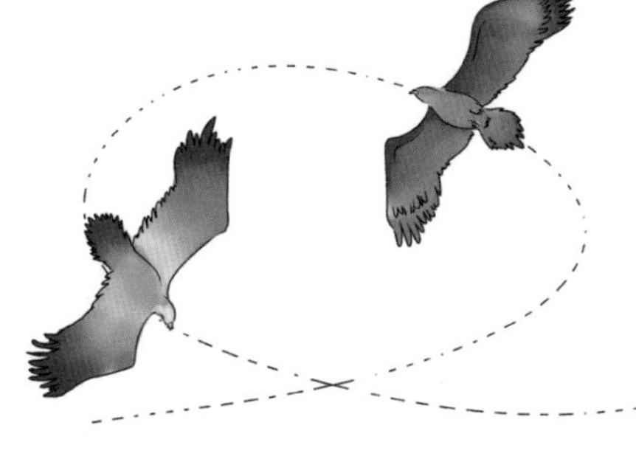

5. 连续拍翼，升高身体，收拢双翼，向下俯冲，形成波浪式飞行，如啄木鸟。

如何选择观赏鸟

人类喜爱鸟漂亮的羽毛，婉转的鸣叫，奇特的习性或是活泼的个性，如同养猫、养狗一样，鸟也成为人类饲养宠物的主要选择。

鸟类市场上的鸟，绝大部分是从野外捕捉而来，少数是进口和人工繁育而来。从捕捉到上市，大量的鸟资源被消耗，只有珍惜鸟资源，学会欣赏和饲养笼鸟，在不影响鸟类自由生活的前提下，去了解鸟类，保护鸟类，才能从中得到乐趣。

如果你决定养一只心爱的鸟作为宠物，那么就要做好充分准备，以下几个方面是需要注意的：

（1）明确需求　作为宠物的笼养鸟，我们要选一只善于模仿人语的，还是鸣声悦耳动听的？是选一只羽色艳丽的，还是聪明、听话能招手就来的？羽毛漂亮的鸟未必鸣叫悦耳，鹦鹉能学人语却调皮有破坏性。所以，养鸟的第一步是要清楚自己的需求。

（2）选择健康的鸟来笼养　健康的鸟应该看上去精神好，羽毛有光泽，食欲旺盛，好鸣好动，眼睛明亮不乱飞。购买宠物鸟时若发现笼内的

鸟身体多处有损伤，那可能是在笼内冲撞而成，多半是被抓的野鸟还未驯服，作为新手大部分人难以养好这样的鸟。

（3）选择适合入门者的鸟　有的鸟饲养难度很小，管理较为粗放。初识者最好选择容易饲养的鸟来养，如金翅雀、斑胸草雀、虎皮鹦鹉、牡丹鹦鹉等。当有了一定的经验后，再去购买理想中的鸟来饲养。

对于时间充裕的老年人来说，画眉、百灵虽然需要每天打理，但并不需要太过费力，清晨遛鸟能锻炼身体，结交鸟友可以扩大社交，听听悦耳的鸟鸣还能使心胸开阔。

对于家里有孩子的家庭，养一对活泼的鹦鹉是不错的选择，可以指导孩子观察它们繁殖后代、学习语言，寓教于乐。

青年人热衷养鸟，可以挑战难度，花时间去训练鹦鹉，教会它们独有的“特技”，偶然表演一番也能得到极大的乐趣。

当我们有了自己的笼鸟，准备开始精心抚养它，就要选择适合的鸟笼和器具，如水罐、食罐、鸟架以及栖杆等。只有保证它的需求，使鸟能在笼内健康生活，鸟才会向我们展示它的美丽和个性。

观赏鸟

鸟形态万千，或羽色艳丽，或体态玲珑，或舞姿婀娜；各年龄段和性格的人都能发现自己喜欢的种类。鸟种不同，习性迥异，观赏是养鸟的主要乐趣。

红头长尾山雀

红头长尾山雀小名片

科名	长尾山雀科
别名	红头山雀
体长	9 ~ 11 厘米
繁殖期	2 ~ 6 月
产卵	5 ~ 9 枚
雌雄差异	羽色相似
食性	昆虫、种子、浆果果肉
产地	喜马拉雅山脉东段至中国南方及中南半岛
主要栖息地	山林、果园

红头长尾山雀常见于山地森林和灌木林间，在果园等人类居住地附近的林间也可见到。一般结成十余只或数十只的小群共同活动。性格活泼，不停地在林间跳跃或飞翔觅食，并低声鸣叫。该鸟种群数量较丰富，主要以昆虫为食，是对森林有益的重要益鸟，应加以保护。繁殖期雌雄鸟共同筑巢，卵产齐后开始孵卵，由雌雄亲鸟轮流承担。雌雄亲鸟共同育雏。

• 驯养注意事项 •

适宜在较大空间的笼子里多只饲养，笼内可多放几根栖杆供其活动，以便于观赏。因其性格活泼，若放在阳台上，容易招来天敌袭击，需做好防护。喂养初期可在活虫内加入粉料，待习惯后鸟会主动吃食罐里的食物。为了培养咬力，可在笼中插上熟牛筋供其食用。

七彩文鸟

七彩文鸟小名片	
科名	梅花雀科
别名	胡锦鸟、五彩文鸟、七彩芙蓉等
体长	12 ~ 14 厘米
繁殖期	12 月 ~ 翌年 4 月
产卵	4 ~ 6 枚
雌雄差异	羽色略有不同
食性	昆虫、种子、嫩芽
产地	原产于澳大利亚北部
主要栖息地	干旱森林、草地等

七彩文鸟身披七彩羽毛，活泼灵动。野生七彩文鸟有黑头、红头、黄头三种羽色，黑色最多，黄色最少。一般成群活动，喜干不喜湿，耐高温。七彩文鸟雄性颜色鲜艳，雌性羽色较为暗淡。幼鸟的颜色与成年鸟的颜色差异很大，且无法分辨雌雄。能够人工饲养，是世界著名的宠物鸟，但在原产地澳大利亚已属濒危物种。

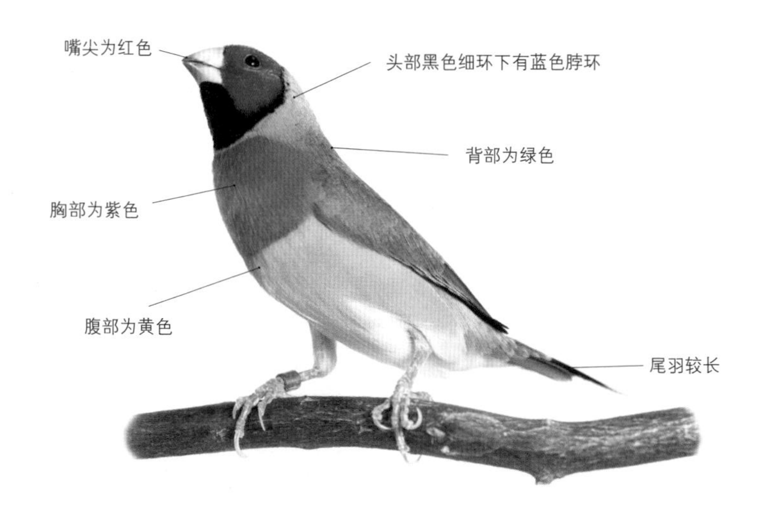

• 驯养注意事项 •

日常饲养比较粗放，以小米加青菜为主，繁殖期可加喂蛋黄。饮水宜每天更换，以防止鸟嘴吐出液体污染水源。该鸟不易繁殖，秋冬时因低温，蛋容易报废。七彩文鸟羽毛美丽，宜观赏，可多养几对。

红梅花雀

红梅花雀小名片	
科名	梅花雀科
别名	红雀、珍珠鸟、红珍珠
体长	9 ~ 10 厘米
繁殖期	9 ~ 10 月
产卵	6 ~ 8 枚
雌雄差异	羽色不同
食性	谷物及其他种子、小虫
产地	巴基斯坦至中国西南、东南亚
主要栖息地	湿润低地林、亚热带或热带的湿润疏灌丛、耕地、湿地等

红梅花雀属小型鸟类。大多成群活动，数量一般为十几只或二十多只，秋季时会结成上百只的大群，有时与麻雀或鸦类混群。夜晚在芦苇丛中过夜，地点较为固定；白天常在草顶或芦苇中跳跃活动，能够攀缘在芦苇上啄食，也会在地上觅食。受惊时会群体齐飞，形成一团，速度很快，并发出尖细的叫声。

• 驯养注意事项 •

梅花雀宜用竹制方形鸟笼或铁丝网笼饲养，养一对为佳。饲料以小米、稗子、黍子混合为主，同时也需提供切成细末的水果、青菜等。冬季要补喂粉料或蛋米。饲料不可过于单一，否则会影响羽毛的颜色。食罐应选用深而大的，以满足此鸟的食量。不耐寒，注意保温，不可冷风直吹。中国不允许家养。

斑胸草雀

斑胸草雀小名片	
科名	梅花雀科
别名	金山珍珠
体长	11 厘米左右
繁殖期	一年四季皆可
产卵	4 ~ 6 枚
雌雄差异	羽色不同
食性	谷物及其他种子、芽叶、昆虫
产地	原产于印度尼西亚和澳大利亚
主要栖息地	适应能力很强，草原、荒漠、园林都可

斑胸草雀娇小艳丽，雄鸟脸颊有棕红色圆斑，雌鸟羽色暗淡，以青灰色为主。斑胸草雀喜欢在离水源较近的地方集群筑巢繁殖，鸟群数量惊人，常常成群活动。它们对环境十分敏感，容易惊恐。雄鸟求偶时会发出悦耳的鸣唱，雌鸟以“唱”择偶，配对后能保持长期的伴侣关系。对环境适应性很强，作为观赏鸟在世界许多国家被饲养。20 世纪 50 年代由澳大利亚引进中国，已人工繁育出白色、驼色、花色等多个品种。

• 驯养注意事项 •

这种鸟十分畏寒，冬季要注意加强保暖。总体管理比较粗放，可在常见的金属笼中多只混养，日常以带壳小米为主食。非常喜欢水浴，最好每天或隔天给予水浴。此种鸟繁育难度较低，适合养鸟初学者喂养。从小被主人养大的斑胸草雀可以学会叼物。

红寡妇鸟

红寡妇鸟小名片	
科名	织布鸟科
别名	红巧织雀
体长	10 ~ 11 厘米
繁殖期	–
产卵	–
雌雄差异	羽色不同
食性	种子、小虫
产地	赤道以南非洲的湿地和草原
主要栖息地	水边的草丛、芦苇；草原

红寡妇鸟体形细小，性格活泼好动。喜欢集群生活，有时与其他鸟种一起飞行。繁殖季开始时，通常栖息在水边的草丛和芦苇中。雄鸟会多筑几个巢，竖立羽毛向雌鸟求爱，并且终生一夫一妻。负责繁殖的雄鸟色彩鲜艳，呈红色及黑色，其他雄鸟和雌鸟颜色呈褐色。该鸟羽色艳丽，便于饲养，具有很高的观赏价值，国内较少饲养。

• 驯养注意事项 •

该鸟适应粗放式管理，最好在大笼中放养。笼底要定期清理和更换沙土。饲料以谷子、蛋米、草籽为主，另外需不时添加青菜，活饵也要供应充足。宜成对饲养。适应环境能力强，容易养活，但天性吵闹，不可与梅花雀等小型雀共养。

环喉雀

环喉雀小名片	
科名	梅花雀科
别名	–
体长	12 厘米
繁殖期	–
产卵	–
雌雄差异	羽色相似
食性	种子、小虫
产地	非洲撒哈拉沙漠以南
主要栖息地	城镇、村庄

环喉雀原产于非洲，天性胆大，好奇心很强，常在城镇人家的房檐下筑巢。该鸟性别容易分辨，雄性环喉雀颈部长有红色羽毛，雌性没有。经人工培育，现已出现喉部为黄色的变种。此鸟与人能和平相处，虽然名贵但并不娇气。生长环境中最好有植物，它们惯于隐藏自己。环喉雀具有攻击性，所以饲养时不能和红梅花雀大小的鸟类养在一起。平均寿命在 5 年左右。

• 驯养注意事项 •

环喉雀十分亲人，可以说是标准的好亲鸟。宜养在植物旁隐蔽的鸟笼里。喂养时以小米和其他谷类为主，并添加生菜，繁殖期需加喂活饵。该鸟易缺钙，饲养时要格外注意补充营养。对饲养温度要求较高，冬季不能低于15℃，繁殖期需保持室温在18℃以上。

白眉姬鹟

白眉姬鹟小名片

科名	鹟科
别名	黄腰姬鹟
体长	11 ~ 14 厘米
繁殖期	5 ~ 7 月
产卵	4 ~ 7 枚
雌雄差异	羽色不同
食性	昆虫
产地	中国、印度尼西亚、朝鲜、马来西亚、蒙古、新加坡等地
主要栖息地	阔叶林和针阔叶混交林

白眉姬鹟属小型鸟类。常单独或成对活动，多在树冠下层低枝处活动和觅食。性格胆小，善隐蔽，以昆虫为食。繁殖期间雄鸟常躲藏在大树茂密的树冠层中鸣唱，鸣声清脆、婉转悠扬。一般在中国长江以北以及四川和贵州地区主要为夏候鸟，长江以南地区多为旅鸟。白眉姬鹟是中国夏季常见的森林益鸟，对森林保护有重要意义。鸣声好听，羽色特别，也是鸟市中的常见品种。

• 驯养注意事项 •

宜单独饲养或成对饲养。白眉姬鹟的食物主要有天牛科和拟天牛科成虫、叩头虫、瓢虫、象甲、金花虫等鞘翅目昆虫，以及尺蠖蛾科昆虫，松鞘蛾、波纹夜蛾幼虫和其他鳞翅目幼虫，雏鸟几乎全部以昆虫幼虫为食。可笼养，也可在合适的人工巢箱和柴垛缝隙中筑巢。

金丝雀

金丝雀小名片	
科名	燕雀科
别名	芙蓉鸟、白燕、玉鸟
体长	12 ~ 14 厘米
繁殖期	1 ~ 7 月
产卵	每窝 4 ~ 5 枚
雌雄差异	羽色相同
食性	种子、果肉、嫩芽、昆虫
产地	原产于非洲西北海岸，现世界性分布
主要栖息地	各种树林

金丝雀是世界著名观赏笼鸟。经人工饲养已培育出众多奇特羽色，并形成多种品系。该鸟体羽多为黄色，鸣声婉转悠扬，音调轻柔。中国金丝雀纯种的不多，主要有“山东种”“扬州种”和德国“罗娜种”3 个品种。金丝雀对一氧化碳和甲烷具有高敏感度，曾是最早的“煤矿安全报警器”。

• 驯养注意事项 •

金丝雀以养雄性为宜。饲养笼必须宽大，也可箱养、群养。喜清洁，每周需清除笼底粪便2 ~ 3次；食罐和水罐每天刷洗并更换；每周至少水浴一次。阳光直射时间不能超过1小时，否则羽毛会褪色。夏季夜间用笼套罩住，防止蚊虫叮咬。

鸲姬鹟

鸲姬鹟小名片	
科名	鹟科
别名	鸲鹟、姬鹟、郊鹟
体长	11 ~ 14 厘米
繁殖期	5 ~ 7 月
产卵	4 ~ 8 枚
雌雄差异	略有不同
食性	以昆虫为主
产地	亚洲北部
主要栖息地	山林、平原的混交林和灌丛间

鸲姬鹟体型略小，叫声轻柔。常单独或成对活动，偶尔也见 3 ~ 5 只结成小群。栖息于山地森林和平原的小树林、林缘及林间空地，很少进入密林深处，大多在树木之间急速飞行，距离都不长。繁殖期通常在距地高数米的针叶树上营巢。鸲姬鹟在中国东北地区为夏候鸟，部分在广东、广西和海南岛越冬，为冬候鸟，在其他地区为旅鸟。

• 驯养注意事项 •

以笼养为主。单独饲养或成对饲养。以昆虫和浆果为食。叫声轻柔，羽色美丽，主要以鞘翅目、鳞翅目、直翅目、膜翅目等昆虫和昆虫幼虫为食。

金翅雀

金翅雀小名片	
科名	雀科
别名	金翅、绿雀
体长	12 ~ 14 厘米
繁殖期	3 ~ 8 月
产卵	4 ~ 5 枚
雌雄差异	羽色略有不同
食性	种子、昆虫
产地	我国东部；西伯利亚东南部、蒙古、日本、越南
主要栖息地	灌丛、园林、林缘地带

金翅雀属小型鸟类。腰部金黄，无论站立还是飞翔时都很醒目。常单独或成对活动，秋冬季节会结成群落，有时多达数十只甚至上百只。主要以植物果实和种子，如草籽和谷粒等为食，也吃昆虫。休息时栖于树上或电线上，常在低矮的灌丛间活动。鸣声清晰、尖锐，带有颤音。金翅雀在中国分布较广，种群数量丰富，是低山平原地区常见鸟类之一。

• 驯养注意事项 •

耐寒，冬季可在室内笼养，使用一般鸟笼即可，笼内设栖杆1根，食罐、水罐各1个，笼底铺布垫或细砂。不耐饿，平时需保证食、水供应充足。可喂食小米、菜籽，添加青菜、水果。每周定期清扫笼子以及食、水用具。金翅雀难以训练，但鸣叫温柔，宜玩赏，是鸟市场中的大宗鸟类。

白腰朱顶雀

白腰朱顶雀小名片	
科名	燕雀科
别名	苏雀、贝宁点红
体长	约 13 厘米
繁殖期	5 ~ 7 月
产卵	每窝 4 ~ 6 枚
雌雄差异	略有不同
食性	种子、果肉
产地	俄罗斯、日本、朝鲜、中国东部地区
主要栖息地	低山和山脚地带

白腰朱顶雀常于草棵、谷穗和蒿类的花穗上取食，喜吃苏子，故名“苏雀”。繁殖期成对活动，平时 5 ~ 7 只或 10 多只结成小群活动。性格温顺，不畏人，经常看到一鸟先飞、群鸟跟随的场景。冬季以食草籽为主，可落在草尖处，还可以倒攀姿势啄食果实；春秋以嫩叶、谷物、昆虫为食。在中国为冬候鸟，每年 9 月末或 10 月初迁到中国东北，至翌年 3 月末或 4 月初离去。

• 驯养注意事项 •

日常食物以谷子或蛋、米为主，辅以少量青菜和苹果。定期清洗笼子和食、水罐，保持食、水清洁，置于安静处，平时不喂食。雌鸟和雄鸟相似，但喉、胸和腰均无粉红色沾染。繁殖期，雄鸟站在树顶和高的灌木顶端鸣唱，或在空中做求偶飞翔，叫声是一种独特的金属声，适宜观赏。中国不允许家养。

蓝喉太阳鸟

蓝喉太阳鸟小名片	
科名	太阳鸟科
别名	–
体长	13 ~ 16 厘米
繁殖期	5 ~ 7 月
产卵	每窝 2 ~ 3 枚
雌雄差异	略有不同
食性	昆虫和花蜜
产地	喜马拉雅山脉地区
主要栖息地	常绿阔叶林、沟谷季雨林；灌丛、竹林、农田等

蓝喉太阳鸟属小型鸟类。性格活泼，胆小畏人，见人很远就飞开。飞行距离不远，通常从一棵树飞至另一棵树就需要停息。常单独或成对活动，有时 3 ~ 5 只或 10 多只结成小群。蓝喉太阳鸟主要以花蜜为食，也吃昆虫等动物性食物，在传播花粉和抑制虫害方面起重要作用。夏季常见于山区绿林，冬季迁于沟谷。种群数量趋势稳定，是同种鸟类在国内分布较广泛和数量较多的一种。

• 驯养注意事项 •

由于食谱特殊，蓝喉太阳鸟饲养时间普遍不长，不适合养鸟初学者。其羽色鲜艳，宜观赏。有时动物园饲养的太阳鸟能成群地跟着人讨要花蜜，养熟后十分亲人。中国不允许家养。

红额金翅雀

红额金翅雀小名片

科名	雀科
别名	–
体长	12 ~ 14 厘米
繁殖期	5 ~ 8 月
产卵	3 ~ 5 枚
雌雄差异	羽色相似
食性	草籽、果肉、其他种子、嫩叶、昆虫
产地	欧洲、中东、中亚；中国西部
主要栖息地	中高山针叶林和针阔叶混交林；农田果园

红额金翅雀属小型鸟类，有 14 个亚种。该鸟头部的朱红色极为醒目，羽色艳丽，颇受人们喜爱。通常在灌丛或水源附近的草地和树上觅食，大多结成小群活动，有时会聚成上百只的大群。飞行速度很快，且飞得较高，叫声可在飞行时用于彼此联络。红额金翅雀在中国较少见，但在原产地是常见鸟类。

• 驯养注意事项 •

宜笼养，可多只群养。鸟笼应放在较高的位置上，避免与人的视线直接相对。鸟在熟悉的地方有安全感，所以不要经常更换鸟笼（架），安全感对鸟的食欲和行为方式有直接影响。

费氏牡丹鹦鹉

费氏牡丹鹦鹉小名片	
科名	鹦鹉科
别名	费希尔氏情侣鹦鹉
体长	约 14 厘米
繁殖期	1 月和 2 月、4 月和 6 月、7 月
产卵	3 ~ 6 枚卵
雌雄差异	羽色相似
食性	种子、浆果果肉、绿芽和叶子
产地	非洲坦桑尼亚北部等地
主要栖息地	半干旱草原、农田、稻田区等

费氏牡丹鹦鹉生性活泼大胆，人可以近距离接近。平时会大批聚集于农耕区，觅食玉米、谷类，破坏作物。繁殖季会组成 20 ~ 80 只左右的群体，发出尖锐刺耳的鸣叫。该鹦鹉有迁移的习惯，食物不充足就会转移栖息地点。配偶关系十分牢固，栖息时成双成对，紧靠在一起，互相梳理羽毛，因而得名“情侣鹦鹉”。

• 驯养注意事项 •

牡丹鹦鹉喜欢结群，数量多了会很吵，一般选单只或成对饲养。挑选时优先选择羽毛鲜亮、眼睛有神、叫声响亮的个体。新手宜选择成年的鸟来饲养。注意每天更换清洁饮水，夏季不要让阳光直晒笼子。

白腹蓝鹟

白腹蓝鹟小名片	
科名	鹟科
别名	蓝燕、青扁头、石青
体长	14 ~ 17 厘米
繁殖期	5 ~ 7 月
产卵	4 ~ 5 枚
雌雄差异	羽色不同
食性	昆虫
产地	东北亚
主要栖息地	山地、平原的针阔混交林及林缘灌丛

白腹蓝鹟，著名食虫鸟类。该鸟繁殖于东北亚，冬季南迁至我国，是东北及四川西部的夏候鸟，在海南为冬候鸟。主要以昆虫为食，善于从树冠取食昆虫。栖息地为山地、平原的阔叶林及灌丛、岩壁附近树林以及公路两侧的次生林内。繁殖期在岩缝中筑巢，由雌鸟孵卵。鸣叫声较为粗哑，通常冬季不会发出鸣叫。

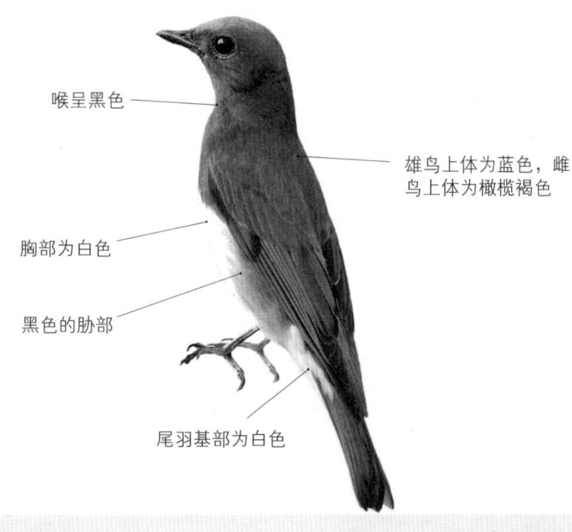

• 驯养注意事项 •

白腹蓝鹟宜单独笼养，以昆虫和少量浆果为食。鸟和人类的生理差别很大，正常生活的鸟没有“一日三餐”，它们并不是有规律地定时定点进食，如果只在几个时间段供食会使它们大部分时间处于饥饿状态。如果是长期笼中饲养的鸟，应尽量保证笼中时刻都有水和食物。

黄胸鹀

黄胸鹀小名片

科名	鹀科
别名	禾花雀
体长	14 ~ 15 厘米
繁殖期	5 ~ 7 月
产卵	3 ~ 6 枚
雌雄差异	羽色不同
食性	昆虫、稻谷
产地	孟加拉国、柬埔寨、中国、日本等
主要栖息地	低山丘陵和开阔平原地带的草甸、灌丛、林缘

黄胸鹀属小型鸟类。白天在草地或灌木枝上活动，晚上栖于草丛中。繁殖期常单独或成对活动，平时喜成群结队，迁徙期间可见数百甚至数千只的庞大鸟群。通常出现在溪流湖泊附近的灌丛和草地里，不喜森林。雄鸟求偶时会站在灌木顶枝或草茎上高声鸣叫，鸣声多变。该鸟曾被误当作滋补野味，致使野生数量大幅度减少，已濒临灭绝。中国于 1997 年禁止猎捕黄胸鹀。

• 驯养注意事项 •

黄胸鹀喜欢"荤素搭配"，可以谷子、稻子、高粱等谷物种子和杂草种子作为常备饲料，搭配一些菜叶、草芽，偶尔再喂些昆虫幼虫。到了繁殖季节，应补充一些鸡蛋、小米或蛋黄等营养较丰富的饲料。由于喜食素，它们的鸟笼清理起来较为方便，容易保持清洁。中国不允许家养。

凤头鹀

凤头鹀小名片

科名	鹀科
别名	–
体长	15 ~ 17 厘米
繁殖期	5 ~ 8 月
产卵	4 ~ 5 枚
雌雄差异	羽色不同
食性	植物种子、昆虫
产地	南亚、东南亚，常见于中国华中、华南和西南地区
主要栖息地	常见于开阔和干燥地区，如山麓、耕地和岩石斜坡上

凤头鹀属小型鸣禽。性情多疑，一见远处来人立刻飞走。喜开阔干燥的环境，主要在丘陵和低山区活动，冬季多在平原见到，夏季需到较高的山区繁殖。一般是单个或成对生活，很少集群活动。该鸟在繁殖期发出的鸣叫优美动听，雌鸟在筑巢时也会发出类似莺类的叫声。凤头鹀是中国著名笼鸟，受到世界各国的喜爱和欢迎。

• 驯养注意事项 •

类似饲养麻雀，容易饲养。食物以谷物为主，小米、碎玉米、稻谷都可，但需定期添加蛋米，青菜和水果偶然供应即可。所谓蛋米，就是把鸡蛋煮熟后取蛋黄碾碎，混到谷物种子中当作营养饲料。中国不允许家养。

红胁蓝尾鸲

红胁蓝尾鸲小名片

科名	鹟科
别名	蓝点冈子、蓝尾巴根子、蓝尾杰、蓝尾欧鸲
体长	13 ~ 15 厘米
繁殖期	5 ~ 6 月
产卵	4 ~ 7 枚
雌雄差异	羽色不同
食性	甲虫、小蠹虫、蚂蚁等
产地	亚洲东北部及喜马拉雅山脉，中国南方及东南亚
主要栖息地	山地针叶林、岳桦林、针阔叶混交林等地

红胁蓝尾鸲属小型鸟类。该鸟善隐匿，停歇时会上下摆尾，多在地面奔跑或在贴近地面的低枝间跳跃。常单独或成对活动，有时会组成 3 ~ 5 只的小群。繁殖期间雄鸟站在枝头鸣叫借以吸引雌鸟，配对后则共同寻找巢址和开始筑巢。巢附近常有灌丛、落叶或苔藓将巢掩盖得相当隐蔽。红胁蓝尾鸲在中国主要繁殖于东北和西南地区，越冬于长江流域和长江流域以南广大地区，既是夏候鸟，也是冬候鸟。

• 驯养注意事项 •

雄鸟羽毛鲜艳，通常会选择养雄鸟。叫声短促，以欣赏羽色为主。饲养管理与金丝雀类似。日常饲料是小米、玉米面窝头、青菜等，或集中混合饲养。

金色林鸲

金色林鸲小名片

科名	鹟科
别名	黄金色树丛欧鸲
体长	12 ~ 15 厘米
繁殖期	–
产卵	–
雌雄差异	羽色不同
食性	昆虫
产地	欧亚大陆以及非洲北部、中南半岛和中国东南沿海地区
主要栖息地	竹林和灌丛中

金色林鸲是较为罕见的观赏鸟。体型优雅，性格胆小，尾部时不时上翘，大多藏匿在林间吟唱或觅食。多生活和活动于低矮灌木或杂草丛间，夏季常见于高海拔地区的山地，为甘肃东南部、四川、云南西北部、陕西秦岭、青海东南部等地的留鸟。有季节性作垂直迁移的习性，冬季大多藏匿起来。

• 驯养注意事项 •

喂蛋米和粉料，日常多喂一些昆虫。精心饲养，定期清理笼底粪便，更换食水罐。鸟类原本活动空间大而广，因此，将其关养在笼子里直接后果是被迫换一种陌生的方式生存和生活。想要鸟适应鸟笼生活，第一关就是帮它度过情绪上的恐慌和抵抗。当它开始梳理羽毛或找东西吃，就表明情绪已经稳定了。

红嘴相思鸟

红嘴相思鸟小名片

科名	噪鹛科
别名	红嘴鸟、红嘴玉、五彩相思鸟
体长	13 ~ 16 厘米
繁殖期	5 ~ 7 月
产卵	3 ~ 4 枚
雌雄差异	羽色略有不同
食性	蚂蚁等昆虫；果肉、种子
产地	印度及中国的南方地区
主要栖息地	山地常绿阔叶林

红嘴相思鸟性格大胆，不太怕人，常在树上或灌木间穿梭、跳跃。繁殖期间，雄鸟鸣唱时常扇动双翅，耸竖体羽，不断抖动着翅膀，鸣声响亮、婉转动听。除繁殖期间成对或单独活动外，其他季节或 3 ~ 5 只成群，或形成 10 余只的小群，有时还与其他小鸟混群活动。红嘴相思鸟羽色艳丽，鸣叫好听，是世界各地著名的笼养观赏鸟之一，也是中国传统外贸出口鸟类。

• **驯养注意事项** •

雄鸟善鸣，笼养多选雄鸟。该鸟需每隔两天刷洗笼底一次，同时给鸟水浴。为防止鸟污染水源，最好选用口小肚大的水罐。需定期检查笼子是否损坏，以防止此鸟从笼子缝隙中逃脱。冬季畏寒，不可将鸟笼放在室外。中国不允许家养。

北红尾鸲

北红尾鸲小名片	
科名	鹟科
别名	灰顶茶鸲、红尾溜、火燕
体长	13 ~ 15 厘米
繁殖期	4 ~ 7 月
产卵	6 ~ 8 枚
雌雄差异	羽色不同
食性	昆虫成虫和幼虫
产地	俄罗斯、蒙古、日本、朝鲜、印度、中国东部及东南亚一带
主要栖息地	山地、森林、河谷、林缘和居民点附近的灌丛

北红尾鸲属小型鸟类。性格胆怯，见人立即藏匿。行动敏捷，发现地面的昆虫立刻疾速捕捉，再返回原处。一般在小树枝头或电线上观望，或在地上和灌丛间跳来跳去，很少高空飞翔。繁殖期间活动范围较小，只在距巢 80 ~ 100 米范围内活动。叫声单调、清脆、尖细，大多单独或成对活动。以农作物和树木害虫为食，是重要的森林益鸟。在中国主要为夏候鸟，部分地区为冬候鸟。

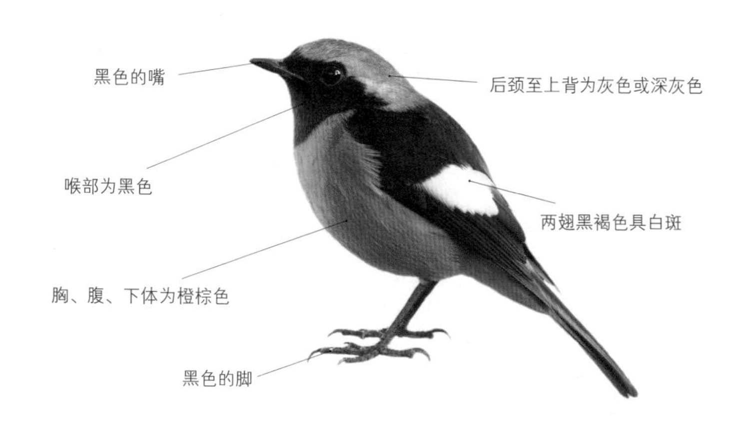

• 驯养注意事项 •

雄鸟羽色艳丽，更具观赏性，笼养多以雄鸟为主。饲料以蛋米和粉料为主，日常多喂昆虫，可在养黄雀的方形竹笼中饲养。粉料，即软食，用来饲养以吃虫为主的鸟，如画眉、山雀、黄鹂等。粉料包括玉米粉、黄豆粉、鱼粉、肉粉、蚕蛹粉等几种配方，养鸟人可自己配制。中国不允许家养。

蓝额红尾鸲

蓝额红尾鸲小名片	
科名	鹟科
别名	–
体长	14 ~ 16 厘米
繁殖期	5 ~ 8 月
产卵	3 ~ 4 枚
雌雄差异	羽色不同
食性	昆虫、果肉、种子
产地	中国西南、南亚大陆、东南亚
主要栖息地	高山针叶林和高山灌丛草甸，疏林灌丛和沟谷灌丛地区

蓝额红尾鸲喜欢栖息在林缘、溪谷灌丛地带，在农田、茶园和居民区附近的树丛和灌丛中也能见到它们飞上飞下的身影。除了在地上觅食，也常在空中捕食。以甲虫、蝗虫、毛虫、蚂蚁等昆虫及幼虫为食，也吃植物果实与种子。繁殖期时雌鸟会在岩壁穴中营巢，雄鸟常站在巢域中灌木上鸣唱，尾羽不停摆动。雌雄亲鸟共同育雏。

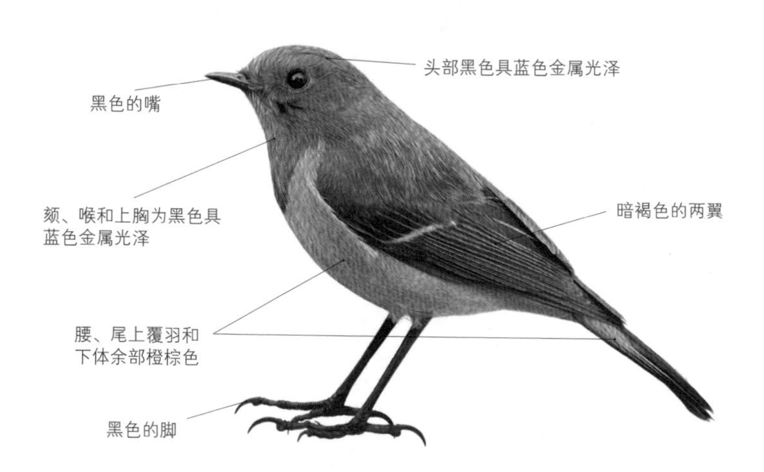

• 驯养注意事项 •

蓝额红尾鸲行为较为机警，新捕来的野生鸟要现在笼中适应一段时间，期间用活虫诱食，以便打消其恐惧感，待认食后再改为普通颗粒饲料。夜间需罩笼衣，防止鸟因受惊扑腾而受伤。中国不允许家养。

银胸丝冠鸟

银胸丝冠鸟小名片

科名	阔嘴鸟科
别名	海南宽嘴、银胸丝阔嘴鸟
体长	16 ~ 18 厘米
繁殖期	–
产卵	4 ~ 5 枚
雌雄差异	羽色略不同
食性	昆虫为主，也吃果实
产地	印度及中国的大部地区、中南半岛、东南亚等
主要栖息地	热带、亚热带地区的各种类型的树林中

银胸丝冠鸟属留鸟，热带森林鸟类。多在树冠层下成小群活动。该鸟反应迟钝，喜静栖，很少飞上飞下和跳来跳去。不善鸣叫，鸣声低弱。以昆虫为食，尤以甲虫、蝗虫、天牛等为主，也吃蜘蛛、小螺和其他小型无脊椎动物，偶尔也吃果实等植物性食物。具有很强的团队精神，一鸟被捉，鸟群会在附近徘徊盘旋，企图搭救同伴，导致整群鸟都被捕捉。

• 驯养注意事项 •

羽色美丽的野生鸟，较少人工饲养。初期捕获后最好放入板笼或有笼套的竹笼，打消鸟的恐惧和顾虑，并以活食诱食。适应后可改喂蛋米。该鸟喜水浴，多给水洗浴。中国不允许家养。

长尾阔嘴鸟

长尾阔嘴鸟小名片	
科名	阔嘴鸟科
别名	–
体长	25 ~ 28 厘米
繁殖期	–
产卵	4 ~ 5 枚
雌雄差异	羽色相似
食性	蜘蛛、蚂蚁、蜂类、种子、核果果肉等
产地	印度、中国东南部地区、印度尼西亚、太平洋其他诸岛等地
主要栖息地	常绿阔叶林及次生山林

长尾阔嘴鸟是热带林栖鸟类，常常在森林中层结群活动和觅食，有时也与其他鸟种混群。不善跳跃和鸣叫，大多静栖在林下灌木和小树上。与其他阔嘴鸟科的成员一样，此鸟嘴形粗厚而宽阔，脚短而弱，憨态可掬，羽色艳丽。它们与伙伴关系十分密切，以昆虫和节肢动物、小型脊椎动物以及果实为食。

• 驯养注意事项 •

此鸟看上去与鹦鹉相似，但习性并不相同。食物需多给昆虫和肉质较软的水果。长尾阔嘴鸟为中国国家II级重点保护动物，可养于动物园用于欣赏，中国不允许家养。

戴胜

戴胜小名片

科名	戴胜科
别名	胡哱哱、花蒲扇、山和尚、鸡冠鸟、臭姑鸪
体长	约30厘米
繁殖期	4～6月
产卵	6～8枚
雌雄差异	羽色相似
食性	昆虫，小型无脊椎动物等
产地	广泛分布于欧洲、亚洲、非洲各地
主要栖息地	较为宽阔的地方，林缘耕地较为常见

戴胜性情活泼，不太怕人，多单独或成对活动。常边走边觅食，发现食物后把长长的嘴插入土中取食。受惊后飞上枝头，或飞一段距离再落地。停歇时羽冠张开，像一把扇子，发生警戒立即收于头上。鸣叫时冠羽耸起，头前伸，一边行走一边不断点头，鸣声粗壮而低沉。繁殖期雄鸟间常为保护领地而格斗；有时会出现雄鸟争雌的现象。该鸟分布广泛，是以色列国鸟。

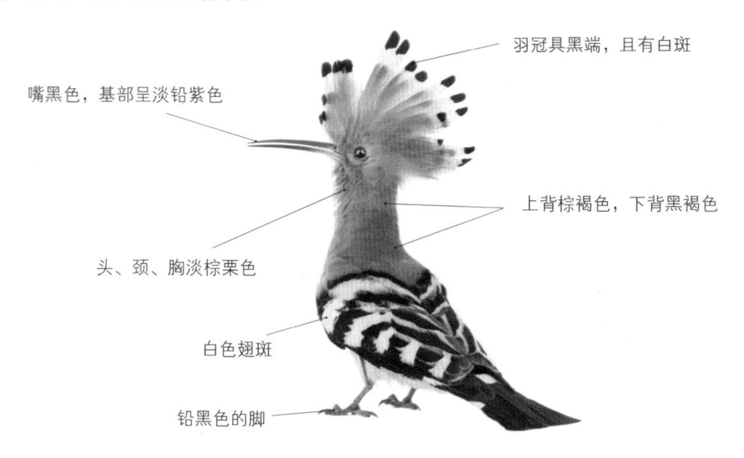

• 驯养注意事项 •

戴胜可用铁丝笼或竹笼饲养，笼内要铺好细沙。平时可以豆类粉、鸡蛋、肉末、菜叶混合，加水调喂，隔几日还需加喂活虫。不过，戴胜喜开阔潮湿的地面，更适合散养在院子里。中国不允许家养。

三宝鸟

三宝鸟小名片	
科名	佛法僧科
别名	东方宽嘴转鸟、阔嘴鸟
体长	约 30 厘米
繁殖期	5 ~ 8 月
产卵	3 ~ 4 枚
雌雄差异	羽色相似
食性	昆虫
产地	东亚、东南亚、澳大利亚等
主要栖息地	林缘路边及河谷两岸高大的乔木树上或林区开垦地上等

三宝鸟在空中飞翔捕食，很少到地上觅食。常栖息于高大乔木顶端的枯枝上，若有人走近则立刻飞走。飞行姿态似猛禽，双翼摆动，急上急下，并不断发出单调而粗壮的鸣叫。通常以金龟子、蝗虫、天牛等为食，捕获后会回到原来的枝丫。在云南和海南岛为留鸟，在其他地区为夏候鸟。该鸟羽毛鲜艳，飞行姿态十分漂亮，是价值较高的笼养观赏鸟。

• 驯养注意事项 •

三宝鸟在有些地方被称为“红嘴绿鹦哥”，但它偏肉食，而鹦鹉基本都是素食的。三宝鸟不善学舌。喂养时笼内需设置大型水罐、硬食罐、软食罐各一。饲料为由瘦肉糜、蛋米、水果与昆虫混合制作而成的软料。硬食指的是各类植物种子。中国不允许家养。

太平鸟

太平鸟小名片

科名	太平鸟科
别名	连雀、十二黄
体长	约 18 厘米
繁殖期	5 ~ 7 月
产卵	4 ~ 7 枚
雌雄差异	羽色略有不同
食性	昆虫、浆果果肉、种子
产地	北半球大部分地区
主要栖息地	针叶林、针阔叶混交林和杨桦林中

太平鸟大多成群活动，有时甚至近百只集群。常见于树木顶端和树冠层，跳来跳去，或双翅鼓动，急速直飞。在果园、城市公园等靠近人类的环境中也能见到，并无固定活动区，到处游荡。繁殖期成对活动，以昆虫为食，秋后则以浆果为主食。体态优美、鸣声清柔，为冬季园林内的观赏鸟类。

• 驯养注意事项 •

饲养可参照画眉。大多养在暗板笼中，可多喂水果，喂时准备食插，把水果插在食插上喂给。主食仍为粉料和蛋米。太平鸟喜欢水浴，比较怕热。笼养鸟要格外关注营养健康，饲料应多样化，才能养活手中的笼鸟。中国不允许家养。

小太平鸟

小太平鸟小名片

科名	太平鸟科
别名	十二红、绯连雀、朱连雀
体长	约 16 厘米
繁殖期	6 月
产卵	4 ~ 6 枚
雌雄差异	羽色略有不同
食性	昆虫、浆果果肉、种子
产地	西伯利亚东部及中国东北部；越冬至日本
主要栖息地	低山、丘陵和平原地区的针叶林、阔叶林中

小太平鸟的生活习性与太平鸟相似，常数十只或数百只聚集成群，并与太平鸟混群活动。性情活泼，栖息于高大的阔叶树上，不停地在树上跳上飞下。除饮水外，很少到地面。小太平鸟以植物果实及种子为主食，秋、冬季所见的食物有卫矛、鼠李，兼食少量昆虫，是受国家保护的有益的重要野生动物。

• 驯养注意事项 •

饲养要点与太平鸟完全相同。平时要注意清洁卫生，及时清理，因为该鸟有从粪便中找食的习性，这对鸟体健康有害。小太平鸟耐寒怕热，夏季要注意防暑，笼子要挂在阴凉处。冬季每周一次水浴即可。中国不允许家养。

灰喉山椒鸟

灰喉山椒鸟小名片

科名	山椒鸟科
别名	十字鸟、红山椒鸟
体长	18 ～ 22 厘米
繁殖期	5 ～ 6 月
产卵	3 ～ 4 枚
雌雄差异	羽色不同
食性	昆虫为主，偶然吃种子
产地	喜马拉雅山脉、中国南方余部；东南亚等地
主要栖息地	平原、丘陵、山地的杂木林、阔叶林、针叶林等

灰喉山椒鸟性格活泼，喜欢边飞边叫，叫声尖细、单调，飞行姿态优美。栖息于林缘地带的乔木上，常成小群活动，有时会与赤红山椒鸟混杂在一起。很少在地上活动，觅食多在树上。为寻找食物，冬季也常在山脚平原地带的林间甚至茶园活动。该鸟以昆虫为食，在森林保护中具有重要意义，应予以保护。羽色艳丽，也是很好的观赏鸟。

• 驯养注意事项 •

笼养可欣赏其色彩。应成群饲养，以昆虫、浆果为主食。对于多数小型鸟来说，1周之后就会适应新环境。所以初学养鸟的人可以先观察市场中看中的鸟，几天后无异常再购买下来。如果鸟的应激反应强烈，就会出现绝食、冲撞，甚至猝死。中国不允许家养。

灰背椋鸟

灰背椋鸟小名片	
科名	椋鸟科
别名	噪林鸟、白肩椋鸟
体长	约 19 厘米
繁殖期	4 ~ 5 月
产卵	4 ~ 5 枚
雌雄差异	羽色不同
食性	花、果肉、种子以及昆虫
产地	中国南方，冬季迁至东南亚等地
主要栖息地	低山、平原及丘陵之开阔地带或针阔混交林中

灰背椋鸟天性活泼好动，喜欢聚群，常与其他种类的椋鸟、八哥混群。喜吃无花果，大多在地面上觅食，有时也到正值花期和结果期的树木上觅食，具有杂食性。傍晚前，常能看到大群灰背椋鸟聚集在屋顶或树枝上，入夜后，群鸟一起飞入树林夜栖。该鸟主要在中国繁殖，部分留在中国南方越冬，也有部分迁徙到缅甸、马来西亚。

• 驯养注意事项 •

该鸟会鸣叫，叫声较为嘈杂，适宜成群饲养，食植物种子、浆果等。初学养鸟的人不要买太便宜或太贵的鸟，太贵的难养好，太便宜的难养活。挑选鸟时不要买羽毛蓬松、连名字都叫不上的鸟。

赤红山椒鸟

赤红山椒鸟小名片	
科名	山椒鸟科
别名	红十字鸟、朱红山椒鸟
体长	约 19 厘米
繁殖期	–
产卵	2 ~ 4 枚
雌雄差异	羽色不同
食性	昆虫、种子、花
产地	我国南方和西藏南部；印度、东南亚等地
主要栖息地	山地、丘陵、平原的常绿阔叶林、松林或垦耕地

赤红山椒鸟体型略大，色彩浓艳。性格活泼，成群在树冠层活动，很少停歇。转移时常见一鸟领先，其余相继跟着飞走，边飞边叫，叫声尖细。在树冠枝叶间觅食，或在空中飞翔捕食。除繁殖期成对活动外，大多聚集成群，冬季有时数十只聚在一起，也会和其他山椒鸟混群活动。赤红山椒鸟是一种非常具有中国特色的鸟类，分为华南亚种、海南亚种以及云南亚种三个亚种。

• 驯养注意事项 •

该鸟适宜成对或成群饲养，喂以昆虫或植物种子、浆果，可笼养。选鸟和买鸟时要注意一定要亲眼看到鸟在吃什么饲料，在买鸟的同时买一些带回去，有些野鸟在笼中会绝食，即使笼中摆着食物，但鸟并不吃，这种鸟带回去难以养活。中国不允许家养。

金额叶鹎

金额叶鹎小名片	
科名	和平鸟科
别名	–
体长	16 ~ 20 厘米
繁殖期	5 ~ 8 月
产卵	2 ~ 3 枚
雌雄差异	羽色相似
食性	昆虫、花蜜、果实
产地	斯里兰卡、印度半岛、中南半岛、印度尼西亚及中国云南
主要栖息地	山地常绿阔叶林和次生林中

金额叶鹎属留鸟。头顶金橘色，十分突出。性格活跃而机警，一般成对或成小群活动，也常加入其他混合鸟群。喜栖息在茂密的森林，也常常在林缘灌丛中、果园附近活动和觅食。通常在高大乔木顶部活动，在枝头跳来跳去，从一棵树飞到另一棵树，不停发出鸣叫，沿着枝条寻觅食物，偶然能看到它悬吊在叶片或枝头上。

• 驯养注意事项 •

热带鸣禽，日常饲养管理可参照画眉。喜欢甜食和水果，粪便比较稀软，要选择适合的笼子便于清洁。冬季要适当保温。笼鸟在遛鸟时可以渐进式掀起笼衣，直到全部掀起而笼中鸟毫无惧色，才算成功。中国不允许家养。

橙腹叶鹎

橙腹叶鹎小名片	
科名	和平鸟科
别名	–
体长	约 20 厘米
繁殖期	5 ~ 7 月
产卵	3 枚
雌雄差异	羽色相似
食性	昆虫、花蜜、果实
产地	南亚、东南亚
主要栖息地	次生阔叶林、常绿阔叶林和针阔叶混交林中

橙腹叶鹎属留鸟。性格活泼，羽色艳丽，常结成 3 ~ 5 只的小群在乔木冠层间活动。喜欢栖息于溪流附近和林间空地等开阔地区的高大乔木上，偶尔也会到林下灌木和地上觅食。主要以昆虫为食，也吃植物果实和种子。常在枝头跳动或飞来飞去，不断发出悦耳的鸣叫声。繁殖期会在森林的树上营巢。

• 驯养注意事项 •

此鸟喜欢甜食，可多提供甜味重的新鲜水果，如苹果、西瓜、蜜桃等。但不要一次给太多，防止弄脏羽毛。平时喂画眉的鸟粮即可。中国不允许家养。

火斑鸠

火斑鸠小名片

科名	鸠鸽科
别名	红鸠、红斑鸠、火鸪鹪
体长	约23厘米
繁殖期	2～8月或5～7月(北方)
产卵	2枚
雌雄差异	羽色不同
食性	果肉、种子，或少量昆虫
产地	中国华南、华东地区，喜马拉雅山脉、印度、东南亚
主要栖息地	平原、田野、村庄、果园和山麓疏林等

火斑鸠属小型鸠鸽，栖息于亚洲南部热带区。常见成对或成群活动，有时与山斑鸠和珠颈斑鸠混群。在地面边走边寻找食物，食物以果实和种子为主。飞行速度很快，可听见“呼呼”拍动翅膀的声音。鸣叫声清晰，类似“克鲁……克鲁……”声。火斑鸠为我国华南、华东地区留鸟，北方及中部地区的种群会迁至南方越冬。

• 驯养注意事项 •

该鸟适宜成群饲养，以种子、浆果果肉为主食，不宜笼养。适合动物园饲养的鸟很多，但适合普通家庭的赏玩鸟种类有限。因一些鸟种珍稀，被禁止私自饲养；空间有限；经验不足；以及没有充分时间打理，所以家庭喂养宠物鸟要更加有选择性。中国不允许家养。

绿翅金鸠

绿翅金鸠小名片	
科名	鸠鸽科
别名	绿背金鸠
体长	约 25 厘米
繁殖期	–
产卵	–
雌雄差异	羽色略有不同
食性	野果果肉、谷物、其他种子；白蚁
产地	印度、澳大利亚，中国华南、西藏等地
主要栖息地	原始林、次生林

绿翅金鸠俗名绿背金鸠，中型鸠类。雄、雌羽色相似，雌鸟头顶无灰色，飞行时可见背部有明显的两道黑色和白色的横纹。单个或成对出现于森林下层植被浓密处，穿林而过，起飞时可听到振翅的呼呼声，在溪流及池塘边饮水。平时主食野果、谷物，也食白蚁。雄鸟的典型特征是常常边吃边点头，雌鸟没有此表现。

• 驯养注意事项 •

非常漂亮的中型鸠类。鸟市中可见，有少部分人饲养此种鸟。适宜成群或单独饲养，饲料以谷物、浆果果肉为主，中国不允许家养。

厚嘴绿鸠

厚嘴绿鸠小名片

科名	鸠鸽科
别名	粗嘴绿鸠
体长	25 ~ 28 厘米
繁殖期	4 ~ 9 月
产卵	2 枚
雌雄差异	羽色略有不同
食性	树果
产地	尼泊尔、印度以及中国海南、广西、西双版纳
主要栖息地	热带和亚热带山地丘陵带阴暗潮湿的原始森林、常绿阔叶林和次生林

厚嘴绿鸠体型与家鸽相似，喜欢在树枝顶栖息。该鸟嗜吃榕树果实，所以经常出现在榕树林中。一颗榕树上常聚集数十只甚至上百只厚嘴绿鸠。该鸟大多也都定居在林地，喜欢边食边鸣，发出“咕——咕”的声音。吃完后在树上隐伏起来，黄昏时才去密林深处过夜。飞行急速有力，护巢性极强，对于入侵巢区的其他鸟类坚决给予痛击。

• 驯养注意事项 •

适宜成对饲养或成群饲养，不适宜笼养。饲养可提供浆果、谷类以及各种植物果实为食。该鸟曾在20世纪八九十年代列为重点保护对象，如今种族数量稳定，野外依然少见，中国不允许家养。

大拟啄木鸟

大拟啄木鸟小名片	
科名	须䴕科
别名	五色鸟
体长	30 ~ 34 厘米
繁殖期	4 ~ 8 月
产卵	2 ~ 5 枚
雌雄差异	羽色相似
食性	主要为马桑、五加科植物以及其他植物的果肉、种子、花
产地	喜马拉雅山地区国家，中国、缅甸、泰国等
主要栖息地	常绿阔叶林、针阔混交林

该鸟为中型鸟类，胆大，喜单独或成对活动，若食物丰富，也会集成小群。它们经常在高大树木的顶部栖息。叫声单调，但颇为洪亮，发出类似“go-o，go-o”的声音。一般以植物果实为食，但在繁殖期也会吃各种昆虫。大拟啄木鸟是我国所产 8 种拟啄木鸟中体型最大的，也是最常见的种类，故有“五色鸟”之称，是珍贵的笼鸟。

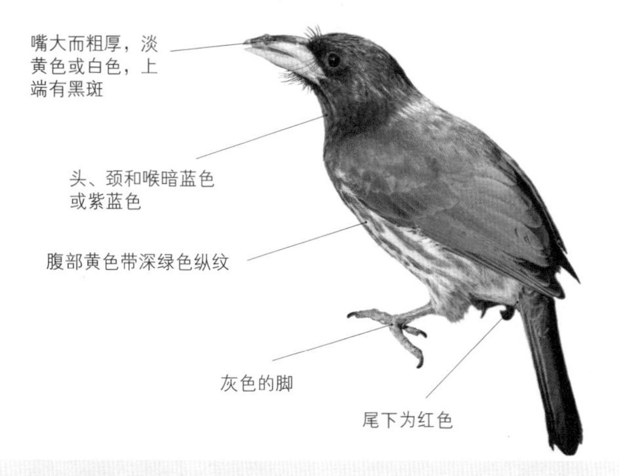

• 驯养注意事项 •

此鸟杂食性，不挑剔，容易饲养；羽色漂亮，赏心悦目。不过，它虽跟鹦鹉一样是攀禽，但没有鹦鹉容易调教，且叫声单调，受惊时的叫声非常刺耳。嘴巨大，食量大，排泄物多，需每天清理。如果是野鸟入笼，只要能“开食”，那就容易养活。中国不允许家养。

棕胸佛法僧

棕胸佛法僧小名片	
科名	佛法僧科
别名	–
体长	32~35 厘米
繁殖期	4 ~ 7 月
产卵	3 ~ 5 枚
雌雄差异	羽色相似
食性	昆虫和其他小动物
产地	阿富汗、柬埔寨、中国、印度等国家
主要栖息地	林缘疏林、竹林、村镇、农田

棕胸佛法僧大多喜欢栖息于林缘疏林、竹林、村镇和农田地区，常常在农田周边的电线杆上出现，伺机捕捉农田害虫，又被称为“农田鸟”。捕食时，此鸟从高处俯冲到地面抓获猎物，然后瞬间携带猎物飞到高处吞食。“佛法僧”的命名来自于日语发音的误传。佛法僧目鸟类大多以虫为食，是重要的农林益鸟。

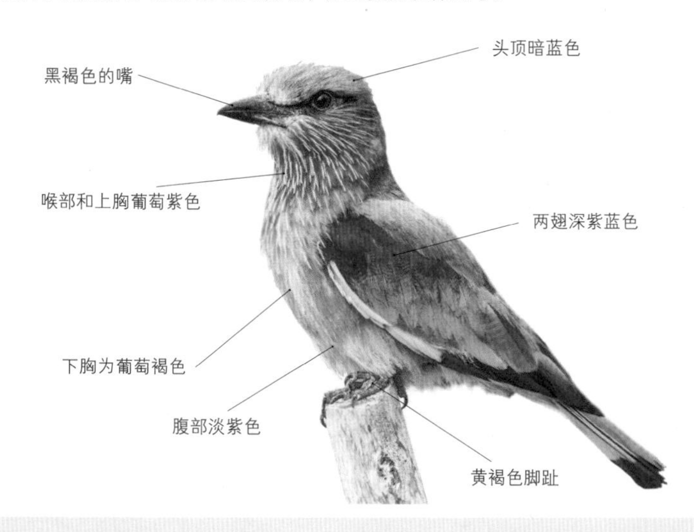

• 驯养注意事项 •

该鸟主要以各种昆虫为食，食量较大。适宜单独或成对饲养。棕胸佛法僧分布范围内有大量保护区，在印度某些地区具有特殊地位。在中国种群数量稀少，中国不允许家养。

东玫瑰鹦鹉

东玫瑰鹦鹉小名片

科名	鹦鹉科
别名	七草鹦鹉
体长	约 33 厘米
繁殖期	7 月 ~ 翌年 3 月
产卵	3 ~ 7 枚
雌雄差异	羽色相似
食性	种子、浆果果肉、花朵
产地	澳大利亚东南部及附近小岛
主要栖息地	开阔林地、森林边缘、农田、果园

东玫瑰鹦鹉性格活泼，常成对或结成 8 ~ 20 只左右的小群集体活动，有时也与其他鹦鹉如深红玫瑰鹦鹉、苍头玫瑰鹦鹉混群。喜爱尤佳利树，繁殖期会筑巢于树洞，但也常在电线杆、兔洞中筑巢。筑巢成功后，雄鸟会尽力保护巢穴防止入侵。繁殖难度不高，十分多产。野外数量较稳定，有 3 亚种。

• 驯养注意事项 •

该鸟是较常见的澳洲长尾鹦鹉之一，价位不高。喜欢吃谷物，但对水果的要求比较大。喜爱洗澡，需要定期驱虫。需要很大的笼子饲养，要提供小树枝或玩具供它们啃咬。中国不允许家养。

鸣唱鸟

通常每一种鸟都有自己独特的叫声，但有些鸟的鸣声极为动听，堪称动物世界的“歌唱家”。有趣的是，鸟类发声其实并不依赖舌头，而是依靠气管和支气管交界处的鸣管，发声原理如同笛子和唢呐。

暗绿绣眼鸟

暗绿绣眼鸟小名片	
科名	绣眼鸟科
别名	日本绣眼鸟、绣眼儿
体长	9 ~ 11 厘米
繁殖期	3 ~ 8 月
产卵	3 ~ 4 枚
雌雄差异	羽色相似
食性	昆虫、浆果、花蜜
产地	日本、中国、缅甸及越南北部
主要栖息地	阔叶林、针阔叶混交林、竹林、果园等

暗绿绣眼鸟体型精致小巧，叫声婉转如黄鹂，自古就深受人们喜爱。通常单独、成对或成小群活动，有时集群多达 50 ~ 60 只。性格活泼喧闹，喜欢在林间的枝叶与花丛间穿梭跳跃，寻找食物，几乎从不在地面活动。有时能够悬浮于花上，两翅急速振动，并发出“嗞嗞”的声音。在中国北部地区多为夏候鸟，而在华南沿海地区和台湾地区主要为留鸟。

• 驯养注意事项 •

雌雄鸟羽色相近，都会发声，会开口唱的一般是雄鸟。宜用笼间距不超过1厘米的小型竹笼饲养，一般为方形笼。笼内放置栖杆2根，食水罐各1个。因饲料和粪便容易变质，笼子需经常清洗。宜使用白色或浅色笼衣，防止外界干扰。中国不允许家养。

红胁绣眼鸟

红胁绣眼鸟小名片	
科名	绣眼鸟科
别名	白眼儿、粉眼儿
体长	12 厘米
繁殖期	4 ~ 7 月
产卵	3 ~ 4 枚
雌雄差异	羽色相似
食性	昆虫和种子、浆果果实
产地	分布于中国华南、华东；东南亚北部
主要栖息地	果树、柳树和其他阔叶乔木及竹林间

红胁绣眼鸟性情活泼，多集体生活，有时集群多达 50 ~ 60 只，常与暗绿绣眼鸟混群。两种绣眼鸟体形、大小和上体羽色相似，但红胁绣眼鸟两胁呈显著的栗红色，极易区别。夏季以昆虫为主食，如蝗虫、瓢虫、其他甲虫等，也吃蜘蛛等无脊椎动物；冬季则以松子、蔷薇种子等植物性食物为主。繁殖于中国东北，越冬往南至华中、华南及华东。

• 驯养注意事项 •

该鸟易驯熟，成对或成群饲养为宜。饲料基本为豆粉加熟鸡蛋黄。刚入笼的不稳定阶段少喂和不喂虫子，适当加喂苹果。绣眼鸟不可断食、断水，几个小时的饥渴就会威胁它们的生命。身腰长、嘴尖细、羽毛紧凑、羽色鲜艳、“膛音”大的绣眼鸟最好。中国不允许家养。

绒额䴓

绒额䴓小名片

科名	䴓科
别名	–
体长	12 厘米
繁殖期	–
产卵	–
雌雄差异	羽色相似
食性	杂食
产地	我国南方、印度、东南亚、菲律宾
主要栖息地	山地或平原

绒额䴓体形很小，色彩艳丽，喜欢单独、成对或结小群活动，有时会和其他小鸟混群。该鸟一般栖息于沟谷、山顶的阔叶林或混交林以及公路、村寨附近的树丛间，成对或成家族在茂密森林的树干和树枝上活动，从底部到树顶，沿树干向上爬行，捕食树皮缝隙中的昆虫或虫卵，有时也吃花蜜和种子。鸣声尖而持久，发出类似唧唧的尖叫声。

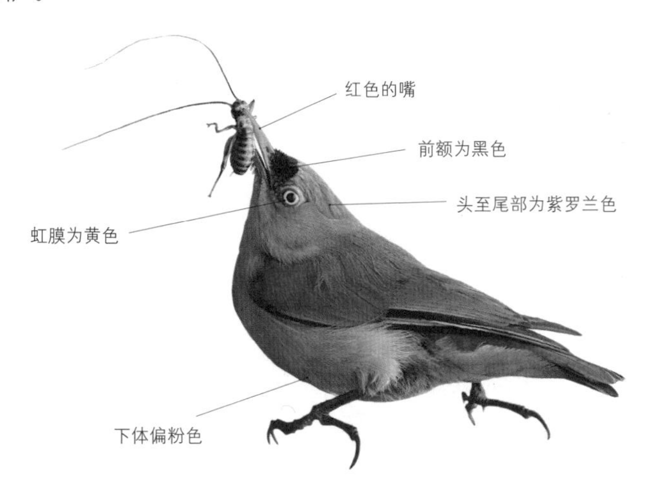

• 驯养注意事项 •

鸟市中较为少见，因小巧玲珑又色彩鲜艳深受人们喜爱。可笼养，单独、成对或成群饲养。喂以谷物、昆虫、浆果皆可。

黄颊山雀

黄颊山雀小名片

科名	山雀科
别名	花奇公、催耕鸟
体长	12 ~ 14 厘米
繁殖期	4 ~ 6 月
产卵	3 ~ 7 枚
雌雄差异	羽色相似
食性	小虫、种子、浆果
产地	喜马拉雅山脉东段至中国南方及中南半岛
主要栖息地	常绿阔叶林、针阔叶混交林、林缘灌丛、溪边等

性格活泼，常成对或成小群活动，有时与大山雀混群。通常在大树顶端枝叶间穿梭跳跃，在灌木丛和低枝叶上觅食和活动。此种鸟叫声独特，鸣声是重复的三音节主调。有 4 亚种，分别为指名亚种（西藏亚种）、印缅亚种、华南亚种、老挝亚种。繁殖期通常在树洞或岩石、墙壁缝隙中筑巢。

• 驯养注意事项 •

该鸟与大山雀饲养方法相同。喂食以粉料为主（绿豆粉、花生粉和黄豆粉），初期可在活虫中加入粉料，颗粒饲料容易造成消化不良甚至死亡。宜用小型竹丝笼，注意间距不可太宽，否则容易钻逃。最好使用笼衣，增加此鸟的安全感。喜欢水浴，切忌吹冷风。中国不允许家养。

山蓝仙鹟

山蓝仙鹟小名片

科名	画眉科
别名	黄肚石青
体长	13 ~ 15 厘米
繁殖期	4 ~ 6 月
产卵	4 ~ 5 枚
雌雄差异	羽色不同
食性	昆虫、果实、种子
产地	中国、尼泊尔、不丹、印度、缅甸、泰国等
主要栖息地	山边、林缘矮树上、竹丛与灌丛中

山蓝仙鹟属留鸟。活泼好动，一般在林下灌丛里或矮树上活动和觅食。鸣声甜美婉转，受惊时会发出粗哑的鸣声报警。蚂蚁、甲虫等昆虫是它们的主要食物，偶尔也会吃少量果实和种子。喜单个或成对活动，常静立不动，只从低处取食，很少飞到高大的乔木上。该鸟分布广泛，种群数量丰富。

• **驯养注意事项** •

该鸟善鸣唱，羽色鲜艳，十分受欢迎，但鸟市中较为少见。雌鸟上体为橄榄褐色。宜单独或成对饲养，可喂食昆虫和浆果。鸟类具有较强的领域感，不可与其他鸟共用同一笼子。

蓝歌鸲

蓝歌鸲小名片	
科名	鹟科
别名	黑老婆、蓝靛杠、青鸲
体长	12 ~ 14 厘米
繁殖期	5 月
产卵	5 ~ 6 枚
雌雄差异	羽色不同
食性	昆虫，很少吃植物
产地	东亚、南亚、东南亚等地
主要栖息地	山地针叶林和针阔叶混交林及其林缘地带

蓝歌鸲性情活泼而机警，通常只闻其声不见其影。此鸟以各种昆虫为食，很少吃植物，在林下和草丛中跳跃觅食，有时会在突出的石块上昂首站立，同时尾部上下振动。通常单独或成对活动，很少上树栖息。鸣声清脆响亮，婉转动听。该鸟在中国内蒙古东北部、黑龙江、吉林、北京等地为夏候鸟，在其他地区为旅鸟。

• 驯养注意事项 •

该鸟是常见的鸲类，叫声细柔，能够学会很多低声的鸣唱。饲料以粉料为主，定期加小虫或蛋米，饲养参照画眉。刚开始一般是用靛颏笼饲养，需要用笼衣遮挡上，用来安抚鸟的紧张情绪。中国不允许家养。

火尾希鹛

火尾希鹛小名片

科名	鹟科
别名	–
体长	12 ~ 15 厘米
繁殖期	5 ~ 7 月
产卵	2 ~ 4 枚
雌雄差异	羽色不同
食性	小虫、种子、果实
产地	尼泊尔至中国南方及东南亚北部
主要栖息地	山地森林

火尾希鹛是中国南方常见小型鸟类。头部有白色眉纹，极为醒目。栖息于山区阔叶林，集群活动于较高的树枝或树冠。主要在树干或树枝所附着的苔藓和地衣下面觅食，寻找甲虫等昆虫。除繁殖期外，常与其他鸟类混群，叫声响亮而哀婉。火尾希鹛分布范围很广，随着栖息地的破坏，种群数量呈现下降趋势。

• 驯养注意事项 •

饲养管理与红嘴相思鸟相似。宜在大鸟笼中多只饲养，喂以谷物、昆虫、浆果。属南方鸟，注意冬季保温，不要在室外过夜。

大山雀

大山雀小名片

科名	山雀科
别名	仔伯、仔仔黑、白脸山雀
体长	13 ~ 15 厘米
繁殖期	4 ~ 8 月
产卵	6 ~ 13 枚
雌雄差异	羽色相似
食性	小虫、种子
产地	欧洲大部、亚洲大陆大部、非洲西北部
主要栖息地	阔叶林和针阔叶混交林

大山雀天性胆大，平时多成对或成小群活动。个性活跃，常在树顶间穿梭，边飞边叫，飞行速度慢，轨迹呈波浪状；有时会在地面蹦跳。好奇心强，行动敏捷，几乎除了睡眠很少静栖于一地。它们能悬垂于枝叶下觅食，也会在空中和地面捕食昆虫。鸣声悦耳，繁殖期叫声急促多变，极具特色。大山雀在中国各地均为留鸟，秋冬季常在小范围内游荡。

• 驯养注意事项 •

常见的笼鸟之一。喜欢鸣叫，较为吵嚷，适合点缀环境。饲养难度低，任何小颗粒饲料皆可，水果可切成块状喂食。日常管理与棕头鸦雀相同。可作为其他鸟鸣唱的“教师鸟”。中国不允许家养。

红尾水鸲

红尾水鸲小名片	
科名	鹟科
别名	蓝石青儿、溪红尾鸲
体长	10 ~ 14 厘米
繁殖期	3 ~ 7 月
产卵	3 ~ 6 枚
雌雄差异	羽色不同
食性	昆虫为主，也食果实和种子
产地	阿富汗、中国东北和华东，中南半岛
主要栖息地	山地溪流与河谷沿岸

红尾水鸲属留鸟。常单独或成对活动，喜欢站在河谷岸边或溪流旁的石头上。主要以昆虫为食，也吃少量植物果肉和种子。觅食时会急速出击，捕猎后又迅速飞回原处。有时会落地快速奔跑追逐昆虫，停立时尾巴会上下不断地摆动，偶尔将尾巴张开，呈扇形，左右来回扇动。受到干扰后能贴近水面飞行，鸣叫声单调清脆。红尾水鸲的雌鸟和雄鸟在颜色上差距较大，下图为雄鸟。

• 驯养注意事项 •

宜选择方形画眉笼，喂粉料为主。该鸟喜水浴，最好用口小肚大的罐子盛水，或者直接用水瓶给水。为防止鸟受惊，晚上需使用笼衣。

蓝翅希鹛

蓝翅希鹛小名片	
科名	画眉科
别名	–
体长	约 13 ~ 16 厘米
繁殖期	5 ~ 7 月
产卵	3 ~ 4 枚
雌雄差异	羽色相似
食性	昆虫、浆果
产地	印度、东南亚及中国南方
主要栖息地	常绿阔叶林和次生林

蓝翅希鹛属小型鸟类，性格活泼，常成对或成小群活动。多在乔木或矮树上枝叶间，或林下灌木丛和竹丛中活动和觅食。该鸟喜在枝叶间跳动或飞来飞去，发出清脆的长双声哨音，声音响亮，悠扬明快。以白蜡虫、甲虫等昆虫为食，有时也吃少量植物果肉与种子。蓝翅希鹛分布范围很广，有缅甸亚种、马来亚种、四川亚种等 8 个亚种。

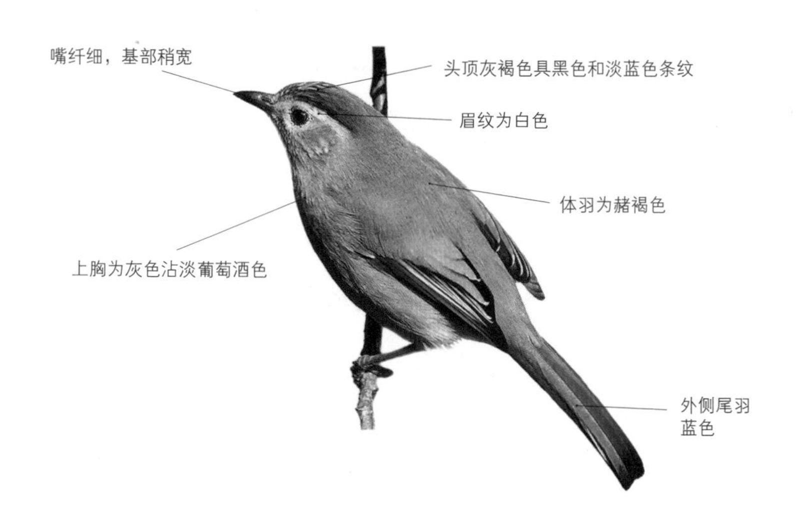

• 驯养注意事项 •

此鸟喜欢安静和水浴。在野外吃的是昆虫和种子，进笼后初期可在活虫中混入粉料，几天后就可以粉料为主。水浴时不要打开笼门，防止飞走。宜选用小型的竹丝笼，并用笼衣制造隐匿和安静的环境。

栗鹀

栗鹀小名片

科名	鹀科
别名	红金钟、紫背儿、大红袍
体长	13 ~ 14.8 厘米
繁殖期	6 ~ 8 月
产卵	4 ~ 5 枚
雌雄差异	羽色不同
食性	种子、嫩芽、昆虫
产地	西伯利亚、蒙古、中国、印度和东南亚
主要栖息地	针叶林、混交林、落叶林;林边、农耕区

栗鹀体形较小，是一种以栗色和黄色为主的鹀。栗鹀在中国是较常见的，在大兴安岭为夏候鸟，华南地区为冬候鸟，其他地区为旅鸟。胆大机警，人们靠近时才会飞走，平时多结成 10 ~ 30 只的小群活动。鸣声悦耳多变，鸣叫时大多停栖在树顶或枝梢上。食物以植物性食物为主，繁殖期吃昆虫成虫及其幼虫，对农林有益，应予以保护。

• 驯养注意事项 •

该鸟善鸣，适宜成群饲养，可笼养。喂养时以谷物、昆虫为主。定期打扫鸟笼虽然能改善环境质量，但频繁清洁也会给鸟带来干扰。同样，频繁给鸟洗澡也会损伤羽毛。中国不允许家养。

红腹灰雀

红腹灰雀小名片	
科名	燕雀科
别名	欧亚红腹灰雀
体长	15 ~ 18 厘米
繁殖期	4 ~ 7 月
产卵	4 ~ 6 枚
雌雄差异	羽色相似
食性	植物种子、嫩芽、昆虫
产地	欧亚大陆的温带区
主要栖息地	针叶林、针阔叶混交林和平原的杂木林

红腹灰雀较为活跃，平时多结成 3 ~ 5 只的小群共同活动。多在树枝或灌丛中、地上觅食。能够作出短步跳跃前进和悬垂身体进行啄食的动作。叫声十分柔和，雌雄鸣声相同，类似尖笛声。繁殖期时，雄鸟会站到较高的树枝上垂下双翅，散开尾巴，转动身体，鸣唱求偶，雌鸟也会以鸣唱回应。该鸟分布范围较广，种族数量稳定，在中国比较罕见。

• 驯养注意事项 •

宜成对饲养或多只饲养。可笼养，以喂食谷物、昆虫为主。野鸟入笼，初期可喂水果或苹果，逐步添加蛋米。大多数“硬食鸟”（吃素）并不是全年都吃素的，繁殖期大多会吃昆虫来养育后代，所以在繁育期要注意在谷物中添加荤食。

小云雀

小云雀小名片

科名	百灵科
别名	大鹨，天鹨，百灵
体长	16 厘米左右
繁殖期	4 ~ 7 月
产卵	3 ~ 5 枚
雌雄差异	羽色相似
食性	草籽、昆虫、嫩芽、花朵
产地	欧亚大陆及非洲北部
主要栖息地	开阔平原、草地、低山平地、河边、农田和荒地以及沿海平原等

小云雀为中国常见鸟类，也是一种传统的笼养观赏鸟。因飞翔高度惊人，能垂直飞起、直入云霄而得名。常成群活动，善奔跑，主要在地面活动和觅食，有时栖停在灌木上。该鸟鸣声清脆、高昂悦耳，繁殖期时，雄鸟会边飞边唱，用力拍动翅膀，以吸引雌鸟注意。共有 12 个亚种，部分迁徙，在中国四川、甘肃、西藏、陕西等地为夏候鸟或冬候鸟。

• 驯养注意事项 •

百灵科的鸟只能在特定的圆形百灵笼内饲养。笼内不放栖木，正中放一个蘑菇形台，供鸟歌舞鸣唱。笼边留圆孔，适合鸟的头部伸出自由饮水。笼底细沙要经常过滤，用过一段时间后需要曝晒消毒。中国不允许家养。

文须雀

文须雀小名片	
科名	鹟科
别名	–
体长	15 ~ 18 厘米
繁殖期	4 ~ 7 月
产卵	5 ~ 6 枚
雌雄差异	羽色相似
食性	昆虫、芦苇种子与草籽
产地	中国北方；欧亚大陆余部及非洲北部
主要栖息地	湖泊及河流沿岸的芦苇沼泽中

文须雀主要栖息于湖泊芦苇中，常成对或小群觅食或活动。性格活泼，行动敏捷。多在芦苇丛中跳跃和攀爬，还喜欢在靠近水面的芦苇下部活动，并发出叫声。飞行高度较低，两翅扇动慢，繁殖期间常立于芦苇上鸣叫。该鸟为留鸟，在中国主要分布于北部地区，种群数量较稳定。

• 驯养注意事项 •

适合初养鸟者入门的小鸟。宜成对或多只饲养。一般提供小米就能养活，但想要养好就要丰富食物种类，如添加浆果、蛋米等，也要经常提供水浴。该鸟雌雄容易分辨，可笼养产蛋，具有很高的观赏价值。它的叫声也很优美，类似一种柔和的单调的笛声，十分悦耳。

黑枕王鹟

黑枕王鹟小名片

科名	王鹟科
别名	黑领蓝鹟
体长	14 ~ 16 厘米
繁殖期	4 ~ 7 月
产卵	3 ~ 5 枚
雌雄差异	羽色略不同
食性	昆虫
产地	我国南部，印度以及东南亚等地
主要栖息地	常绿阔叶林、竹林和林缘疏林灌丛

黑枕王鹟性格活泼机警，好奇心强。大多单独活动，栖息于森林中较低的高度，尤其在靠近溪流的浓密灌丛里常常看到它们的身影。多在灌丛间飞来飞去，或在灌木顶端停栖，发现昆虫时立刻飞去捕猎，行动敏捷。有时也在灌木中边跳边叫，鸣叫声和联络的叫声有明显不同。通常不会到地上活动。黑枕王鹟在中国云南和海南岛等地为留鸟，在四川、贵州为夏候鸟，在香港、福建为冬候鸟。

• 驯养注意事项 •

可多只饲养。喂食以谷物、昆虫和浆果为主。该鸟鸣声清脆粗哑，呈金属声，在鸟市中比较罕见。看笼鸟时，脸不要离鸟笼过近，尤其不要直勾勾地盯着鸟。鸟笼应该挂高一些，这能使大多数鸟感觉安全。带鸟出门时最好套上笼衣。

银耳相思鸟

银耳相思鸟小名片

科名	画眉科
别名	黄嘴玉、七彩相思鸟
体长	约16厘米
繁殖期	5～7月
产卵	3～5枚
雌雄差异	羽色相似
食性	瓢虫、蚂蚁等昆虫
产地	印度及中国西南地区
主要栖息地	常绿阔叶林、竹林和林缘灌丛地带等

银耳相思鸟属留鸟。天性活泼大胆，不怕人，常单独或成对活动。秋冬季节常见集结成群，也与其他画眉科种类混群。受惊也不远飞，只在林间空地跳跃，很少栖于树上。以蚂蚁等昆虫为食，也吃谷粒、玉米及其他果肉、种子等。该鸟叫声欢快，流畅嘹亮，带有回音，是深受人们喜欢的笼养鸟之一。

• 驯养注意事项 •

银耳相思鸟和红嘴相思鸟是近亲，饲养管理方法基本一致。可用竹笼饲养或在封闭庭院内放养，每隔2天刷洗一次笼底，同时给鸟水浴。注意用口小的罐子给水。此鸟容易养活，适合养鸟初学者。中国不允许家养。

红耳鹎

红耳鹎小名片

科名	鹎科
别名	红颊鹎、高髻冠
体长	16 ~ 21 厘米
繁殖期	4 ~ 8 月
产卵	2 ~ 4 枚
食性	杂食性
产地	中国华南、中南半岛
主要栖息地	常绿阔叶林等森林

红耳鹎属小型鸟类，天性活泼。常结成 10 多只的小群活动，有时多达 20 ~ 30 多只，也会和红臀鹎、黄臀鹎混群活动。喜森林，多数生活在乔木树冠层或灌丛中，一边跳跃觅食，一边鸣叫。鸣声清脆响亮，通过叫声与同伴联络。该鸟羽色艳丽，善于鸣叫，因可作笼养鸟而常遭捕猎，应注意多加保护。

• 驯养注意事项 •

宜养在方形或圆形的画眉笼中。养鸟不要轻易换笼子。饲养时可以粉料为主饲料，经常补充水果和昆虫。喜欢水浴，但每周一两次即可。中国不允许家养。

白喉矶鸫

白喉矶鸫小名片	
科名	鸫科
别名	蓝头白喉矶鸫、白喉矶
体长	17 ~ 18 厘米
繁殖期	5 ~ 7 月
产卵	4 ~ 8 枚
雌雄差异	羽色不同
食性	昆虫成虫和幼虫，蜘蛛和其他小型无脊椎动物
产地	欧洲、非洲、阿拉伯半岛及中国东南沿海地区
主要栖息地	针阔叶混交林和针叶林中

白喉矶鸫属低山森林鸟类。喉部白色，特征明显。性格机警，单独或成对活动。一般栖于树梢茂密的枝叶间，清晨多在低处鸣叫，逐渐向高处移动，鸣声极富音韵。秋冬季节多在山脚林缘裸岩地带出现，结群活动。安静温驯，能长时间保持静立。该鸟在中国华南地区为冬候鸟和旅鸟，在中国东北地区为夏候鸟和旅鸟。

• 驯养注意事项 •

白喉矶鸫的习性与红尾水鸲相似，可参照画眉的饲养方法。喂养多注意粉料供应充足，每天喂少量肉末、熟鸡蛋等。注意室温变化，不要轻易更换笼子，注意清洁笼具和随时添加清洁的水。

白喉红臀鹎

白喉红臀鹎小名片

科名	鹎科
别名	–
体长	18 ~ 23 厘米
繁殖期	5 ~ 7 月
产卵	2 ~ 3 枚
雌雄差异	羽色相似
食性	属杂食性，但以植物性食物为主
产地	印度、越南、老挝、泰国、缅甸等地
主要栖息地	森林、竹林及开阔的乡间

白喉红臀鹎性格活泼，善于鸣叫，大多 3 ~ 5 只成群活动，有时 10 多只栖息在一起，也与红耳鹎或黄臀鹎混群，结群鸣唱。一般在相邻树木间来回飞翔，或在树枝上跳跃，站在树上或灌木上歌唱，声音清脆响亮，也能通过鸣声互相联系。此种鸟为杂食性，以植物性食物为主，也食用甲虫、蚂蚁等昆虫。

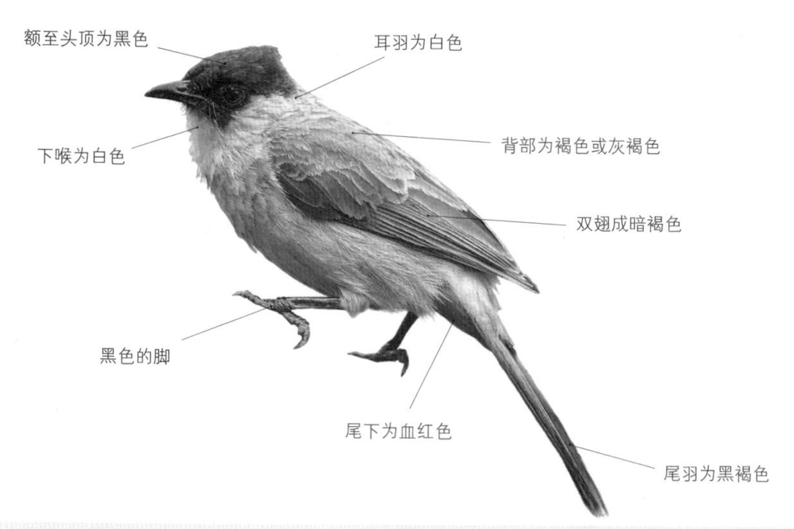

• 驯养注意事项 •

该鸟在鸟市场中较为常见，是南方比较常见的鹎，与其他种类习性相似，但更亲人。饲养方法与画眉相似，使用单一的画眉饲料，注意提供清水，保证笼中清洁。中国不允许家养。

画眉鸟

画眉鸟小名片	
科名	画眉科
别名	–
体长	21 ~ 24 厘米
繁殖期	4 ~ 7 月
产卵	3 ~ 5 枚
雌雄差异	羽色相似
食性	昆虫、种子、果实
产地	中国东南大部分地区；老挝、越南北部
主要栖息地	山丘的灌木丛和村落附近的竹林

画眉鸟因眼圈白色而得名，是中国传统养鸟文化的典型代表。该鸟杂食性，常在灌木丛落叶中翻找觅食。常常在树梢枝杈间歌唱，委婉动听，还善于模仿虫鸣与兽叫，被称为“林中歌手”或“鸟类歌唱家”。作为留鸟，画眉一般终年生活在一个固定区域内，不会迁徙到别处。中国自宋代就开始将画眉作为笼养鸟，目前大量出口国外。

• 驯养注意事项 •

好的画眉鸟以“头如削竹嘴如钉，身似葫芦尾似箭”为标准，民间一般只挑选雄鸟用于鸣唱或打斗。养好画眉的前提是“服笼”，即让画眉鸟认同自己居住的笼子，才会有激情鸣唱和捍卫领地。画眉爱清洁，笼具一定要保持干净，并且隔1 ~ 2天水浴一次。加水比加食更重要。

橙头地鸫

橙头地鸫小名片	
科名	鸫科
别名	–
体长	18 ~ 22 厘米
繁殖期	5 ~ 8 月
产卵	3 ~ 4 枚
雌雄差异	羽色不同
食性	以昆虫为主，也吃植物果肉和种子
产地	巴基斯坦至中国南部、东南亚
主要栖息地	低山丘陵和山脚地带的山地森林中

橙头地鸫属中型鸟类，天性胆小，常躲在林下浓密的灌木丛里不让人看见。单独或成对活动，多在地上觅食和活动，偶然会看到在树上出现。极善鸣唱，鸣声甜美清晰。有 11 个亚种，在中国分布的 4 个亚种分别为云南亚种、安徽亚种、海南亚种和两广亚种。大多为留鸟，部分为夏候鸟。

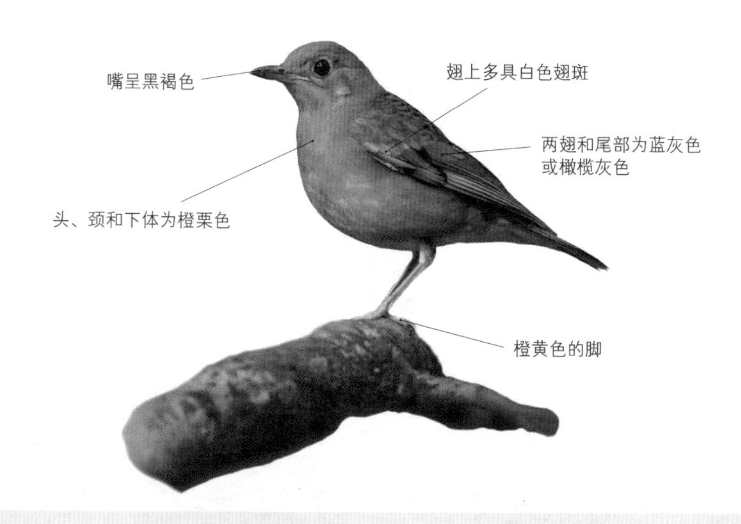

• **驯养注意事项** •

橙头地鸫饲养管理与画眉鸟相似。饲料以蛋米为主，其次为黄粉虫、蝗虫、蟋蟀、面包虫等动物性饲料，还要经常喂一些水果。饲料和清洁水要随时添加，不可断水。保持笼底干净。

紫啸鸫

紫啸鸫小名片	
科名	鹟科
别名	鸣鸡、乌精
体长	26 ~ 35 厘米
繁殖期	4 ~ 7 月
产卵	3 ~ 5 枚
雌雄差异	羽色相似
食性	昆虫和小蟹，浆果等植物
产地	土耳其、印度、中国，以及东南亚等地
主要栖息地	多石的山间溪流的岩石上

紫啸鸫性格活泼，一般单独或成对活动。常在灌木丛中边飞边鸣，互相追逐。该鸟大多栖息在溪边乱石丛中，有时也会在村落附近的地边灌丛中、浅水处觅食。栖停时常把尾羽散开，上下或左右摆动。繁殖期时，雄鸟鸣声高亢、清脆、多变，富有音韵，非常动听。此鸟有 6 亚种，其中西藏亚种和西南亚种嘴为黄色。

• 驯养注意事项 •

该鸟远看为黑色，近看为紫色，羽色独特，受人喜爱。日常饲养可参照画眉鸟，用画眉笼饲养，日常喂粉料和水果。该鸟对环境的适应性较强，喜欢水浴。对陌生东西很警觉，晚上要罩好笼衣。中国不允许家养。

灰头鸫

灰头鸫小名片

科名	鸫科
别名	栗红鸫
体长	23 ~ 27 厘米
繁殖期	4 ~ 7 月
产卵	3 ~ 5 枚
雌雄差异	羽色相似
食性	昆虫为主，也吃种子、果实
产地	阿富汗、不丹、中国、印度、缅甸、尼泊尔、巴基斯坦等地
主要栖息地	亚高山落叶及针叶林

灰头鸫天性胆小、谨慎，一般单独或成对活动，或几只或 10 多只结成小群，也会加入其他鸫类的混合群。喜栖息于乔木上，遇到人立刻发出警告声。主要在地面觅食，或在灌木丛中活动。善于鸣唱，声音短促、清脆，清晨和傍晚鸣唱最为频繁。该鸟分布范围较广，种群数量趋势稳定，冬季时会结成小群迁徙到低海拔地区越冬。

• 驯养注意事项 •

该鸟容易接受人工饲养，日常管理可参照画眉鸟。刚养的生鸟可养在竹条细密的矮身鸟笼里，并罩上笼衣，阻挡光线，帮助鸟尽快安定下来，避免受伤。

赤尾噪鹛

赤尾噪鹛小名片	
科名	画眉科
别名	–
体长	24 ~ 28 厘米
繁殖期	4 ~ 7 月
产卵	3 ~ 5 枚
雌雄差异	羽色相似
食性	昆虫、浆果
产地	中南半岛、中国东南沿海
主要栖息地	常绿阔叶林、竹林和林缘灌丛带

赤尾噪鹛天性胆怯，一受惊就会躲进灌木丛。通常成对或结成 3 ~ 5 只的小群活动和觅食。食物种类主要有甲虫、蝉幼虫等昆虫以及蜘蛛等无脊椎动物，有时也吃草莓、野果等植物性食物。叫声响亮嘈杂，群鸟在一起时会发出叽喳声。赤尾噪鹛有 4 个亚种，分别为云南亚种、瑶山亚种、老挝亚种以及指名亚种。

• 驯养注意事项 •

画眉科鸟类在饲养管理的方法上基本一致。所谓“鸟为食亡”，在笼中饲养的第一步就是解决进食的问题。尽量不要硬塞食物，否则鸟对食罐也会产生恐惧。可以把食物洒在笼底，避免鸟死于心跳过速。中国不允许家养。

红翅薮鹛

红翅薮鹛小名片

科名	画眉科
别名	–
体长	21 ~ 24 厘米
繁殖期	4 ~ 7 月
产卵	2 ~ 4 枚
雌雄差异	羽色相似
食性	昆虫和植物种子
产地	中国、印度、尼泊尔、老挝等
主要栖息地	常绿阔叶林

红翅薮鹛属留鸟。胆小谨慎，多在常绿山地林或林缘附近的植被中隐藏。一般成对或成 3 ~ 5 只的小群活动，偶然也单独活动。大多在地上落叶层觅食，很少飞到较高的乔木上。以昆虫成虫及其幼虫、虫卵为食，也能吃种子和植物果肉。鸣声响亮多变，羽色艳丽漂亮，在画眉科鸟类中堪称“色艺”双绝。

• 驯养注意事项 •

画眉科鸟类在饲养管理的方法上基本一致。鸟类的健康饮食包含三个要素：吃饱、吃好以及注意季节性差异。平时喜欢吃虫的鸟到了冬季只能吃植物种子进行替代。若野外虫子较多，鸟就会意识到繁育后代的时机到了。中国不允许家养。

白颊噪鹛

白颊噪鹛小名片

科名	画眉科
别名	白颊笑鸫、白眉笑鸫
体长	21 ~ 25 厘米
繁殖期	3 ~ 7 月
产卵	3 ~ 4 枚
雌雄差异	羽色相似
食性	昆虫；植物果肉和种子
产地	印度、缅甸、老挝、越南和中国
主要栖息地	丘陵和平原等地的矮树灌丛和竹丛中

中型鸟类，性格活泼，常常结成 10 ~ 20 只的小群集体活动，也与其他同科鸟类混群。通常会在树枝或灌木丛中跳来跳去，遇到干扰则立刻隐藏或快速奔跑逃走，很少作远距离飞行。善鸣叫，叫声响亮、急促，遇天气晴朗或清晨、傍晚，鸣叫颇为频繁，群中个体相互对鸣，略显嘈杂。白颊噪鹛是我国南方常见的低山灌丛鸟类之一。

• 驯养注意事项 •

画眉科鸟类的饲养管理方法基本一致。饲料主要为蛋米，需经常加喂水果。幼鸟通常分为窝雏（刚出生）、软毛（羽毛已长齐）、齐毛（已换成鸟羽毛）三个阶段，其中以软毛阶段最易养活。中国不允许家养。

橙翅噪鹛

橙翅噪鹛小名片	
科名	画眉科
别名	–
体长	22 ~ 25 厘米
繁殖期	4 ~ 7 月
产卵	2 ~ 3 枚
雌雄差异	羽色相似
食性	昆虫、浆果、种子
产地	中国特产，分布于西部和中部地区
主要栖息地	山地和高原森林与灌丛中

橙翅噪鹛，中国特产鸟类。性格胆怯，遇到惊扰会急速飞入灌丛中，但不远飞。通常在灌丛枝叶间飞进飞出，不断鸣叫，有时也会在地上落叶层间觅食。一般成群活动，繁殖期间成对活动。杂食性，以蚂蚁、蝗虫等昆虫以及无脊椎动物为食，也吃蔷薇属果实、杂草种子等植物性食物。种群数量较丰富，是中国西南地区较为常见的一种噪鹛。

• 驯养注意事项 •

画眉科鸟类在饲养管理的方法上基本一致。养鸟初学者应注意的是笼鸟能够进食只代表有食欲，但食物结构是否合理也很重要。如果饲养的鸟羽毛没有光泽，精神不振，就需要多加观察，看是否食物缺乏某类营养。中国不允许家养。

白额燕尾

白额燕尾小名片	
科名	鸫科
别名	白冠燕尾
体长	25 ~ 30 厘米
繁殖期	4 ~ 6 月
产卵	3 ~ 4 枚
雌雄差异	羽色相似
食性	水生昆虫成虫和幼虫
产地	中国及东南亚地区，印度东北部、孟加拉国
主要栖息地	山涧溪流与河谷沿岸

白额燕尾属中型鸟类，通体黑白相杂，十分显眼。天性胆小，常单独或成对活动，在水边或水中石头上停栖，在浅水中觅食昆虫。受惊后立刻起飞，沿水面飞行，边飞边叫，飞行距离不长。共 6 亚种，分别为普通亚种、指名亚种、滇南亚种、马印亚种、巴图亚种和加里曼丹亚种。

• 驯养注意事项 •

该鸟有生活在水边的习性，最好选择很大的笼子，不然影响观赏。若家中有人工庭院水景，则可用剪翅膀羽毛的方式进行放养，效果更好。每周对笼底清理2 ~ 3次，食罐和水罐每天刷洗并更换食、水。

黑领噪鹛

黑领噪鹛小名片	
科名	画眉科
别名	–
体长	28 ~ 30 厘米
繁殖期	4 ~ 7 月
产卵	3 ~ 5 枚
雌雄差异	羽色相似
食性	昆虫
产地	中国、印度、越南、老挝、尼泊尔等地
主要栖息地	低山、丘陵和山脚平原地带的阔叶林

黑领噪鹛属留鸟，分布范围很广。性情机警，平时喜欢隐蔽在茂密的灌丛中，稍有声响，立刻喧闹起来，一鸟鸣叫，群鸟也跟着鸣叫起来。鸣叫时点头翘尾，翅膀扇动，直到解除惊疑和警报，才会逐渐平静下来。若发现人影，则会躲开、逃走，去另一片树林。通常结成小群活动，有时会和其他噪鹛混群活动，较少飞翔，多在地上和灌丛间跳来跳去。

• 驯养注意事项 •

画眉科鸟类在饲养管理的方法上基本一致。对于以昆虫为主食的鸟类，我们常提供各种粉料来满足它们的需求，如以各种豆类蛋白和玉米粉为主，再加上一些蚕蛹粉、鱼粉、肉粉，制作成人工饲料。这种人工饲料在营养上接近昆虫，但使用更为方便。中国不允许家养。

白冠噪鹛

白冠噪鹛小名片	
科名	画眉科
别名	–
体长	28 ~ 32 厘米
繁殖期	4 ~ 7 月
产卵	3 ~ 5 枚
雌雄差异	羽色相似
食性	昆虫为主，也吃榕树果等其他植物果实
产地	南亚、中南半岛
主要栖息地	低山和沟谷常绿阔叶林中

白冠噪鹛属中型鸟类。天性活跃，叫声响亮，有时一只鸣叫，群鸟齐鸣，极为喧哗。通常三五成群，多在地下和灌丛中活动、觅食，很少飞上枝头。繁殖期间，也会结群在一起。主要以金龟甲、蝉等鳞翅目幼虫等为食，有时也吃榕树果等植物果实与种子。此种鸟分布范围广，除了指名亚种，还有滇南亚种、缅泰亚种、印度亚种。

• 驯养注意事项 •

画眉科鸟类的饲养方法基本一致。笼养鸟活动量少容易肥胖，肥胖会使鸟的活动能力降低，甚至出现在跳跃时忽然衰竭而死。所以，平时要降低鸟饮食中脂肪和高蛋白质成分的摄入，增加运动时间，进行预防。中国不允许家养。

表演鸟

养鸟让我们更加了解鸟，驯鸟增加了养鸟的乐趣。利用鸟的习性，我们可以让它学会叼物、手玩（让鸟站到手上）、叫远（主动飞来）和打斗。不过，能训练的鸟只占少数，自幼鸟开始调教的鸟，才有可能驯化并表演技艺。

斑文鸟

斑文鸟小名片	
科名	梅花雀科
别名	花斑衔珠鸟、鳞胸文鸟
体长	11 ~ 12 厘米
繁殖期	3 ~ 8 月
产卵	4 ~ 8 枚
雌雄差异	羽色相似
食性	谷粒为主，也吃昆虫和草籽
产地	中国南方，南亚、东南亚
主要栖息地	低山、丘陵、山脚和平原地带的农田

斑文鸟属小型鸟类。通常成群活动，大多 20 ~ 30 只结成小群，或上百只结成大群共同活动和觅食，有时也会与麻雀和白腰文鸟混群。通常在草丛和地上活动，有时在农田里、溪边、村边以及灌木丛或竹林中也能见到。该鸟飞行迅速，振翅有力，无论飞行还是休息，都紧紧聚集在一起。以谷粒等农作物为食，为农林害鸟之一。

• 驯养注意事项 •

该鸟是南方最常见的食谷鸟之一。饲养难度较低，适宜任何样式的笼子，准备食、水罐各一，笼内放置一根栖杆即可。平时只用稻谷就可养活。驯鸟以“手玩”为主，即得到鸟的充分信任，让鸟站到人的手上活动。

黄雀

黄雀小名片	
科名	雀科
别名	黄鸟、金雀、芦花黄雀
体长	10.6 ~ 12.2 厘米
繁殖期	–
产卵	4 ~ 6 枚
雌雄差异	羽色不同
食性	果实和种子、少量昆虫
产地	南欧至埃及、日本、朝鲜半岛和中国
主要栖息地	公园、苗圃、丛林、杂木林

黄雀是国内著名笼鸟之一。羽色鲜丽，性格大胆，栖息环境十分广泛。通常集结成群共同活动，春秋季迁徙时能看到较大的鸟群。喜栖于树顶，飞行快速，直线前进，常常一鸟起飞，众鸟跟随。繁殖期行动较为隐蔽，多在松树或林下小树上筑巢。该鸟能啄食害虫和野生草籽，有益农田；易于驯养，为人们喜爱。

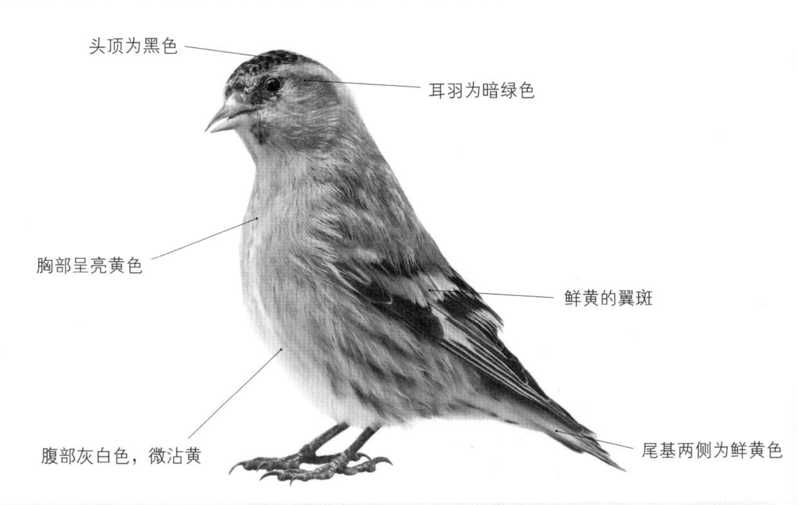

• 驯养注意事项 •

该鸟喜吃谷物、种子，易于饲养。雄鸟叫声多变，驯养以“叫远”和叼物为主。所谓“叫远”，指的是让远处的鸟听到信号后主动飞来。日常管理可参照金丝雀。每周清除笼底2 ~ 3次，食罐和水罐每天刷新并更换。栖杠每3天洗一次，每周至少水浴一次。中国不允许家养。

棕头鸦雀

棕头鸦雀小名片	
科名	鸦雀科
别名	–
体长	约 12 厘米
繁殖期	4 ~ 8 月
产卵	4 ~ 5 枚
雌雄差异	羽色相似
食性	昆虫、种子、嫩芽
产地	中国各地以及俄罗斯远东、朝鲜、越南和缅甸东北部
主要栖息地	中低山阔叶林和混交林林缘灌丛地带

棕头鸦雀主要分布于中国，种群数量较丰富。通常集群活动，秋冬季节可见 20 ~ 30 余只甚至更大的鸟群。性格活泼，不怕人，常在灌木丛中跳跃，边飞边叫，较为嘈杂。不做长距离飞行，只在低空飞翔。此种鸟社会性较强，活动时呼朋唤友，遇到陌生个体会主动驱逐，人们利用它的这种习性将之训练为斗鸟。棕头鸦雀之间的打斗是民间赏鸟的重要内容，具有很强的观赏性。

• 驯养注意事项 •

饲养棕头鸦雀可选用小型的竹丝笼，并使用笼衣阻挡外部环境，既能满足它对隐蔽环境的偏好，也能培养其专注力。也可在笼中插上熟牛筋，锻炼它的啄咬能力。该鸟喜欢水浴，尽量在洗笼时进行，切忌打开笼门。喂养多以粉料为主，若单只饲养，其叫声偶尔会引来附近小鸟的呼应。

白腰文鸟

白腰文鸟小名片

科名	梅花雀科
别名	白丽鸟、禾谷、十姊妹
体长	10 ~ 12 厘米
繁殖期	较长
产卵	3 ~ 7 枚
雌雄差异	羽色相似
食性	种子、嫩芽
产地	中国南方、印度、东南亚
主要栖息地	中低山阔叶林和混交林林缘灌丛

白腰文鸟属小型鸟类，性格温顺，是南方常见的食谷鸟。喜好结群，常十多只聚在一起，秋冬季节会结成上百只的鸟群，挤为一团。冬季一般 10 余只群居在同一巢穴，故有“十姐妹”之称。喜站在树枝高处鸣叫，边叫边飞，鸣声单调，短而急促。飞行时两翅振动有呼呼声，呈波浪状前进。谷物成熟时，会成群飞到农田啄食谷物，对农业有害。

• 驯养注意事项 •

白腰文鸟容易饲养，任何笼子都可适应。可训练“手玩”和叼物。该鸟不怕人，对主人和笼子十分眷恋，即使打开笼门也不飞。还可作为其他名贵鸟的“保姆鸟”，即把其他鸟蛋放入巢中，白腰文鸟会代为孵化，把鸟养大。饲养时要小心猫、狗。放出的时间不能太长，否则鸟会变野。

爪哇禾雀

爪哇禾雀小名片

科名	梅花雀科
别名	禾雀、文鸟、灰芙蓉
体长	13 ~ 14 厘米
繁殖期	9 月 ~ 翌年 7 月
产卵	3 ~ 6 枚
雌雄差异	羽色相同
食性	种子
产地	日本、印度、缅甸、印度尼西亚、中国华东及非洲西部
主要栖息地	草原、耕地、稻田或树林、灌木丛

爪哇禾雀，原产于印度尼西亚的爪哇岛和巴厘岛，故而得名。该鸟具有高度社群性，通常聚集成大群活动。在原产地因对农作物有害而被视为害鸟，导致数量下降。此种鸟可人工繁殖，现已培育出白文鸟、驼文鸟和樱文鸟等新品种。野外生存能力很强，在中国南方地区大多被当作“放生鸟”。雌雄鸟羽色相同，雄鸟叫声尖锐，雌鸟发声较短，也不如雄鸟响亮。

• 驯养注意事项 •

该鸟俗名灰文雀，是市场上常见的可人工繁殖的种类。饲养管理较为粗放，喂食大米就能养活。从小驯养可训练为手玩鸟。训练时要先打消鸟对手的恐惧，可以用食物引诱。训练手玩鸟，关键在于前期能保持手的静止不动，培养它在手上吃食的习惯。

树麻雀

树麻雀小名片	
科名	雀科
别名	麻雀、家雀
体长	13 ~ 15 厘米
繁殖期	每年 3 ~ 8 月
产卵	每窝 4 ~ 8 枚
雌雄差异	羽色相似
食性	谷粒为主，也吃昆虫和草籽
产地	中国南方，尼泊尔、印度和孟加拉国
主要栖息地	人类居住环境

树麻雀通称麻雀，是世界分布广、数量多和最为常见的小型鸟类。生性大胆、活泼，喜结群，秋冬集群多达数百只，甚至上千只，在地上奔跑，叫声叽叽喳喳，较为嘈杂。树麻雀两翅短小，不能远飞。食性较杂，主要以谷粒、草籽等为食。树麻雀在中国分布广，数量大，是中国城乡各地区常见鸟类之一，与人类关系极为密切。

• 驯养注意事项 •

树麻雀的窝要注意保暖，自制的巢穴不要太软，防止其在成长过程中骨骼发育不完善。喂食以谷物、昆虫为主，自制鸟粮时不要放太多鸡蛋黄，不可喂黄豆制品、米饭、糯米、馒头等熟食，不可喂牛奶和有盐分的食物。

燕雀

燕雀小名片

科名	燕雀科
别名	–
体长	14 ~ 17 厘米
繁殖期	5 ~ 7 月
产卵	5 ~ 7 枚
雌雄差异	羽色相似
食性	果实、种子等
产地	亚欧大陆北部
主要栖息地	阔叶林等各类森林，农田、果园等

燕雀分布广泛，大多成群活动。迁徙期间结成数百、上千的大群，晚上也在树上集群过夜。喜欢吃杂草种子和树木果实，繁殖期间以昆虫为食。当它啄食玉米、高粱、稻谷时对农业有害，吃昆虫时对森林有益。鸣声悦耳，易于驯养，可作为观赏鸟，也可以作为表演用鸟。

• 驯养注意事项 •

作为常见的食谷鸟，燕雀的饲养较为粗放，适合训练成“手玩鸟”。可使用画眉笼子或八哥笼，也可用架饲养，便于进行训练。人工饲养条件下活动量通常不足，要防止饱食发胖。此鸟已能人工繁殖。中国不允许家养。

红交嘴雀

红交嘴雀小名片	
科名	燕雀科
别名	交喙鸟、青交嘴
体长	16 ~ 17 厘米
繁殖期	5 ~ 8 月
产卵	3 ~ 5 枚
雌雄差异	羽色略有不同
食性	种子、果实、昆虫
产地	中国东北至长江下游及西南、西北；北半球的其他温带针叶林
主要栖息地	山地针叶林和针阔叶混交林部分迁徙

红交嘴雀为小型燕雀，性格活跃，通常集群活动，有时结成上百只的大群共同觅食。喜欢吃落叶松子，能够用交嘴撕开种皮，嗑开松子；也吃红松子、榛子等其他树木的果实以及昆虫。常在松树枝间跳来跳去，有时用嘴攀缘或悬垂于松枝间，也会到地上活动和觅食。飞行迅速，呈波浪起伏，边飞边鸣，声音响亮。该鸟因其独特的交叉嘴型而受人关注。

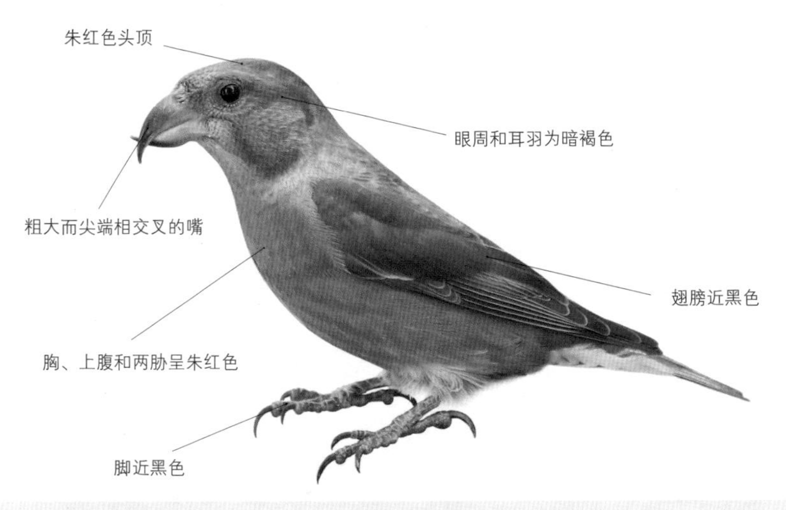

• 驯养注意事项 •

该鸟是硬食鸟，以吃粒料为主，最常见的有玉米、稻谷、小米、苏子等。最好提供未脱壳带有种皮的稻谷和粟子，它们的嘴本身就是“脱粒机”。冬季时要增加碎花生、核桃等含油脂丰富的食物。该鸟驯服后可进行叼物表演，能够叼起其他鸟叼不住的物品。中国不允许家养。

黑尾蜡嘴雀

黑尾蜡嘴雀小名片

科名	梅花雀科
别名	蜡嘴、小桑嘴、哨花子
体长	17 ~ 21 厘米
繁殖期	5 ~ 7 月
产卵	3 ~ 7 枚
雌雄差异	羽色不同
食性	种子、果实
产地	中国东部、西伯利亚东部、朝鲜半岛、日本南部
主要栖息地	阔叶林、针阔叶混交林等

黑尾蜡嘴雀大多生活在有林木的地方，天性活泼大胆，不怕人。除繁殖期外，大多集成数十只的大群活动。通常在树冠枝叶间跳跃和飞翔，飞行速度快，两翅有力扇动，十分活跃。繁殖期间鸣叫较为频繁，鸣声高亢、单调。该鸟因形象憨态可掬，惹人喜爱，饲养者较多，是中国传统笼养鸟种。

• 驯养注意事项 •

饲养蜡嘴雀可使用画眉笼或八哥笼。每周清洗一次笼子和食水罐，保持清洁。由于笼鸟活动量小，饲养时要控制葵花籽、花生仁等油料种子的分量，日常以蛋米和谷子为主，每天需要少量青菜和苹果。中国不允许家养。

锡嘴雀

锡嘴雀小名片

科名	雀科
别名	老西子、老醯儿
体长	17 ~ 18 厘米
繁殖期	5 ~ 7 月
产卵	3 ~ 7 枚
雌雄差异	羽色相似
食性	植物果实、种子；昆虫
产地	欧亚大陆和非洲北部，从巴尔干半岛到乌苏里江流域和日本等地
主要栖息地	阔叶林、针阔叶混交林，部分迁徙

锡嘴雀因嘴部颜色如金属锡而得名。天性大胆，常在树丛间飞来飞去，冬季会到农户附近偷食松子或向日葵籽 。常成群活动，有时会结成数十甚至上百的大群。繁殖期单独或成对活动，较机警，喜欢隐藏在茂密的枝叶里。鸣声尖锐、清晰，但不洪亮。蜡嘴雀有黑头蜡嘴雀、黑尾蜡嘴雀和锡嘴雀三种之分，锡嘴雀的数量比其他两种要少得多。

• 驯养注意事项 •

与蜡嘴雀的饲养方法大致相同。在训练鸟学习某种技艺时，可用食物进行引诱。每次训练后再喂饱，给其饮水，最后把鸟放到安静处，其他时间不喂。略带饥饿的鸟容易训练。若训练者无论走到哪儿，鸟的眼睛都随着转，则说明可以放开鸟的脖锁了。中国不允许家养。

黑头蜡嘴雀

黑头蜡嘴雀小名片	
科名	燕雀科
别名	大蜡嘴、铜嘴
体长	17 ~ 20 厘米
繁殖期	5 ~ 6 月
产卵	3 ~ 4 枚
雌雄差异	羽色相似
食性	种子、果实、昆虫
产地	欧亚大陆及非洲北部，中国大部地区
主要栖息地	常绿林和针阔混交林，山区的灌丛

黑头蜡嘴雀是中等体形的雀科鸟类，因嘴部呈黄色圆锥形而得名“蜡嘴”，嘴部咬合力较大。喜集群活动，一般在树上取食，很少到地面。性情多疑，远处看见人影就立即飞走或躲避。鸣声优美、洪亮，繁殖期到来，雄鸟栖在大树顶歌唱，被称为“优秀歌手”。该鸟雌雄差异不大，无论成鸟还是幼鸟都可驯服调教，颇受欢迎。

• **驯养注意事项** •

黑头蜡嘴雀是老牌的叼物玩赏鸟。训练叼物通常是以食物为引诱，主人要使鸟儿听到信号把物体带过来才奖励食物。难点在于大多数情况鸟儿会在听到信号后，把物品扔掉，只有经过多次训练，才能使鸟儿养成“叼物换吃”的习惯。日常饲养与黑尾蜡嘴雀相同。中国不允许家养。

宝石姬地鸠

宝石姬地鸠小名片

科名	鸠鸽科
别名	雪鸽、钻石鸠
体长	18 ~ 20 厘米
繁殖期	每月
产卵	窝产卵 2 枚
雌雄差异	羽色相似
食性	植物种子、浆果
产地	分布在澳大利亚的荒漠地带；新西兰
主要栖息地	树栖

宝石姬地鸠体形较小，是世界上最小的鸽子品种，原产于澳大利亚。此鸟喜结成小群活动，聚集于水源附近，每年 7 月进入换羽季。通常在较高的树枝上筑巢，鸣声悠长细柔，类似“咕咕”声，近似于吹笛子。该鸟羽色秀美，特征明显，鸣声动听，易于繁殖，具有很高的观赏价值和经济价值。

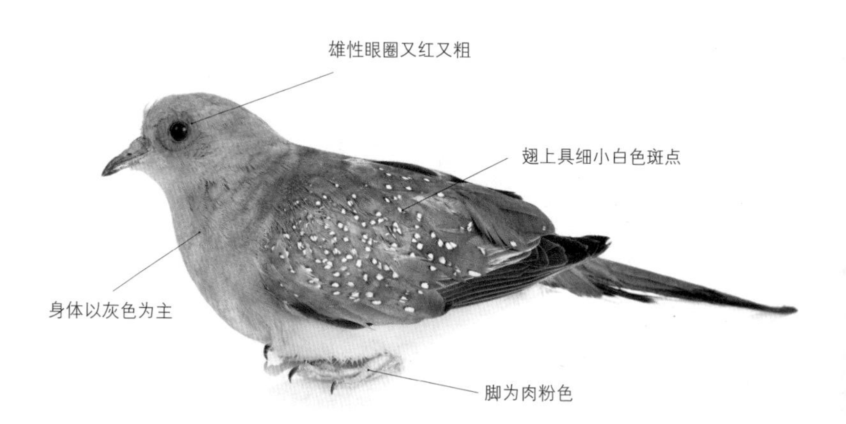

• 驯养注意事项 •

可用鸟舍或笼子饲养繁殖。日常饲养可参照家鸽。饲料以小米为主，每周喂1次青菜，青菜洗净后可整棵挂在笼中供鸟啄喂。不必提供水浴。喜沙浴，笼底应铺细沙。每周打扫1次笼舍。幼年经训练可培养成魔术道具鸽。忌徒手捉鸟，会使羽毛大量脱落，影响观赏和繁殖。

白头鹎

白头鹎小名片

科名	鹎科
别名	白头翁、白头婆
体长	17 ~ 22 厘米
繁殖期	4 ~ 8 月
产卵	3 ~ 5 枚
雌雄差异	羽色相似
食性	昆虫、植物果实和种子
产地	中国长江以南地区
主要栖息地	灌丛、草地、疏林荒坡、果园、村落等

白头鹎和麻雀、暗绿绣眼鸟常成群出现在各种高高的电线与树上，被称为“城市三宝”。天性活泼，不怕人，大多集群活动。寿命较长，约 10 ~ 15 年。杂食性，喜吃植物性果实，常突然起飞追捕昆虫。每年春天，白头鹎开始站在相思树或榕树枝头鸣唱，不久后就会有另一只飞来，两鸟一唱一和，进入繁殖期。白头鹎是中国特有鸟类，以大量农林业害虫为食，是农林益鸟之一，值得保护。

• 驯养注意事项 •

白头鹎较常见，但笼养者较少。宜多只饲养，需提供昆虫、谷类和浆果为食。粪便软，笼底下边要有托粪板，便于清刷，每周彻底清洗一次。喜水浴，夏季每天供水；不耐寒，冬季要移至室内，停止外出遛鸟。饮水注意清洁，每天换水。其他管理可参照画眉鸟。中国不允许家养。

黑头凯克鹦鹉

黑头凯克鹦鹉小名片	
科名	鹦鹉科
别名	黑头鹦哥、黑冠鹦哥
体长	23 厘米
繁殖期	依地方而不同
产卵	3 枚
雌雄差异	羽色相似
食性	坚果、种子、嫩芽
产地	中南美洲
主要栖息地	低海拔地区的热带雨林、热带稀树草原以及靠近水源区的低地雨林内

黑头凯克鹦鹉羽色鲜艳，是典型的攀禽，有 2 个亚种，平均寿命 25 ~ 34 年。这种鹦鹉在原产地较为常见，具有群居性，常见 10 只左右在枝头活动。在地面上行动很迅速，像小猴子一样跳着走。飞行能力不强，遇到情况会攀爬到树木高处或躲到枝叶茂密的地方，并且不时发出尖叫。已可人工繁殖，是很受人们欢迎的宠物鸟。

• 驯养注意事项 •

该鹦鹉常被欧美家庭当作孩子们的宠物，中国不允许家养。购买时要注意雌雄性别，可选择两对成鸟分开饲养，利于繁殖。喂食以瓜子、碎玉米、稻谷为主，蔬果、坚果等各类食物最好也常常提供。笼养的鹦鹉早晚会比较吵闹，最好全年提供巢箱，供其夜间进入巢内睡觉。

灰伯劳

灰伯劳小名片

科名	伯劳科
别名	寒露儿、北寒露
体长	约 24 厘米
繁殖期	4 ~ 5 月
产卵	4 ~ 7 枚
雌雄差异	羽色略有不同
食性	嗜吃小型兽类、鸟类、蜥蜴
产地	中国北方，欧亚大陆北部
主要栖息地	林缘、灌丛、杂林木

灰伯劳性格凶猛，有“雀中之虎”之称。肉食性鸟类，以小鸟、蜥蜴、各类昆虫以及小型哺乳动物为猎物，栖于树顶，扑到地面捕食，捕到后飞回树上，并将猎物挂在树刺上进食，也被称为“屠夫鸟”。该鸟叫声尖细，能模仿出其他鸟类的鸣声。中国有 11 种伯劳，主要分布于北方，冬季时会迁徙到南方越冬。

• 驯养注意事项 •

灰伯劳分布范围广，种群数量稳定。鸟市场中常能见到，但笼养者较少。伯劳宜单独饲养，喂以昆虫和蜥蜴等动物，由于能模拟其他鸟类的叫声，也被作为鸣唱鸟来饲养。它可以被训练来捕捉小鸟。中国不允许家养。

虹彩吸蜜鹦鹉

虹彩吸蜜鹦鹉小名片

科名	鹦鹉科
别名	红胸五彩鹦鹉、彩虹鹦鹉
体长	25 ~ 30 厘米
繁殖期	全年
产卵	2 ~ 3 枚
雌雄差异	羽色相同
食性	花蜜、种子、果实、嫩芽、小虫
产地	印度尼西亚、太平洋诸岛、澳大利亚
主要栖息地	温带树林、雨林其他针叶林、阔叶林等；低地森林、公园和庭院等

虹彩吸蜜鹦鹉是相当普遍和受欢迎的宠物鸟。生性活泼好玩，集群活动，喜欢栖息在开阔的林地和公园。它的舌尖上布满了刷子状的突起，可以像蜜蜂一样吸食花粉、采取花蜜。开花季节，该鹦鹉会从一个地区飞到另一个地区，速度颇快，在享受大餐的同时也传播了花粉。该鸟非常聪明，能够训练成温驯友善的手玩鸟。

• 驯养注意事项 •

该鸟需要较为宽广的空间，饲养笼具应选用结实的金属笼，最好用大笼饲养。喜欢水浴，爱吃甜食。食罐、水罐需每天清洗，笼子的沙土要每周更换，室内和笼具要经常消毒。学习能力很强，能学会很多小技巧和小把戏。对饲主非常忠诚，中国不允许家养。

蓝翡翠

蓝翡翠小名片	
科名	翠鸟科
别名	蓝鱼狗、蓝翠毛
体长	25 ~ 31 厘米
繁殖期	5 ~ 7 月
产卵	4 ~ 6 枚
雌雄差异	羽色相似
食性	鱼、虾、蟹、蛙和昆虫等
产地	中国、柬埔寨、印度、日本、朝鲜、缅甸、泰国、越南等
主要栖息地	河流、水塘、沼泽地带

蓝翡翠为河上鸟，喜栖于河边的枝头或水域附近的电线杆顶端，伺机捕猎。经常一动不动，看到水中鱼虾，则迅速扎入水中用嘴捕捉。有时会振动双翅悬浮在空中，注视水面，等待时机。将猎物带回后，在石头或树枝上拍打使其昏迷或致死，整条吞食。飞行速度极快，沿水面低空直飞，边飞边叫。夜晚在树林或竹林里休息。蓝翡翠羽色艳丽，捕鱼本领高强，历来受人们喜爱和赞美。

• 驯养注意事项 •

蓝翡翠以活鱼为食，饲养难度较大。若从雏鸟开始饲养，应选用大型金属笼。嗜吃鱼类，以鱼虾、螃蟹为食。有戏水习性，应经常提供水浴予以满足，次数和水温视季节而定。此鸟粪便多而稀，笼底应铺细沙，并经常更换保证清洁。冬季需注意防寒。中国不允许家养。

雀鹰

雀鹰小名片	
科名	鹰科
别名	–
体长	30 ~ 41 厘米
繁殖期	5 ~ 10 月
产卵	3 ~ 4 枚
雌雄差异	羽色不同
食性	小鸟、鼠类、昆虫和其他小动物
产地	欧亚大陆和非洲北部
主要栖息地	针叶林、混交林、阔叶林以及林缘地带

雀鹰是我国南北各地最常见的小型猛禽，鹰类中的捕鼠能手。飞行速度极快，飞行时先鼓动双翅再进行滑行，可在树林间穿梭。一般单独生活，飞翔于空中，栖于树上。当发现目标后，就急飞扑击，捕猎后飞回栖息的树上，用嘴撕裂猎物。雀鹰在我国有一部分是留鸟，一部分在春季迁到繁殖地，秋季离开。

• 驯养注意事项 •

雀鹰应拴养在架子上，笼子容易使翅尖、尾巴受伤。雌鸟体形更大，性子相对亲善，所以一般会挑选雌鸟饲养。为便于训练，应准备一副长的护腕手套、一个皮质头罩和一个鹰哨。所有猛禽都是国家保护动物，除动物园等专业养殖园外，个人不得饲养。

珠颈斑鸠

珠颈斑鸠小名片	
科名	鸠鸽科
别名	鸪雕、鸪鸟、花斑鸠
体长	27 ~ 34 厘米
繁殖期	5 ~ 7 月
产卵	2 ~ 3 枚
雌雄差异	羽色相似
食性	植物果实、种子，如稻谷、玉米、芝麻等
产地	中国、印度、斯里兰卡、孟加拉国等
主要栖息地	平原、草地、低山丘陵和农田地带

珠颈斑鸠俗称“野鸽子”，是中国东部和南部最为常见的野生鸽形目鸟类。因黑色颈部两侧密布白色点斑，如同珍珠，因而得名“珠颈”斑鸠。该鸟一般成小群活动，也与其他斑鸠混群。性格温顺，多在地上觅食，受惊后立刻飞到附近树上。它们的飞行速度极快，但并不耐久，鸣叫时作点头状，鸣声响亮。觅食活动多在晨昏进行，其他时间会栖息在电线或树枝上。

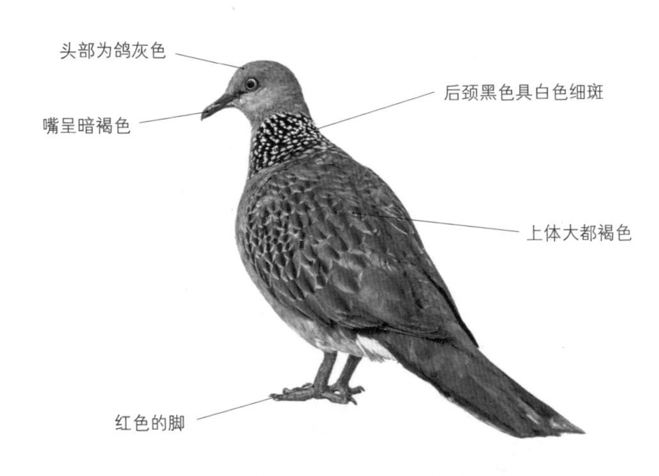

• 驯养注意事项 •

其饲养管理方法与家鸽相同。可投喂多种植物种子为食。不过，斑鸠不同时期的营养需求不同，仅仅喂稻谷无法满足其生理需求，在饲养过程中应添加含蛋白质、卵磷脂以及钙的食物，以利于斑鸠繁殖。中国不允许家养。

鸡尾鹦鹉

鸡尾鹦鹉小名片

科名	凤头鹦鹉科
别名	玄凤鹦鹉、卡美鹦鹉
体长	32 厘米左右
繁殖期	四季皆可繁殖
产卵	4 ~ 6 枚
雌雄差异	羽色相似
食性	种子、浆果
产地	澳大利亚
主要栖息地	干旱地区的开阔平原和小树林

鸡尾鹦鹉头上竖立着 4 ~ 6 厘米的顶冠，十分显眼。无亚种，但有许多颜色的变种。野生鸡尾鹦鹉通常成小群活动，聚集在水源附近，与虎皮鹦鹉混群，有时达数百只。一般成群在枯树枝上栖息，喜水浴，在溪水中饮水时也洗澡。通常直线飞行，速度很快。该鹦鹉平均寿命在18年左右，最长可达二三十年。在中国香港和台湾被称为“玄凤鹦鹉”，是世界上最常见的中型鹦鹉之一。

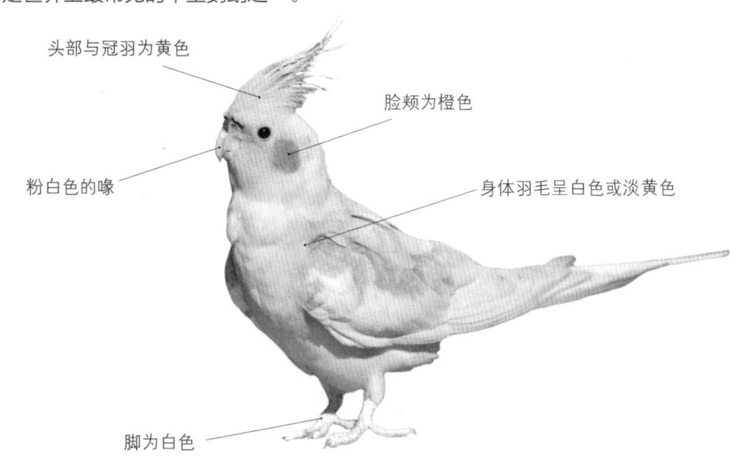

• 驯养注意事项 •

鸡尾鹦鹉容易饲养，可训练成手玩鸟。食物以各类谷物种子为主，也吃水果与蔬菜。不可断食、断水，食物不可过于单一。为防止鹦鹉啃咬，最好使用金属笼饲养；也可使用鹦鹉架。食水用具要选择结实的款式。饮水保持清洁，用具每天或隔天清洗，每月消毒。注意保持室温，冬季防寒，夏季防暑。一年四季均可繁殖。

灰喜鹊

灰喜鹊小名片	
科名	鸦科
别名	山喜鹊、蓝鹊
体长	33 ~ 40 厘米
繁殖期	5 ~ 7 月
产卵	4 ~ 9 枚
雌雄差异	羽色相似
食性	杂食性
产地	中国大部、俄罗斯、蒙古、韩国、朝鲜、日本，西欧也有分布
主要栖息地	低山丘陵和山脚平原地区的次生林和人工林内；道旁、住宅、公园

灰喜鹊为中型鸟类，酷似喜鹊。成小群活动，性格凶猛，具有攻击性，以森林害虫为食，也会偷吃其他鸟类的卵和雏鸟。通常在林间穿梭，不会久留，受惊后一哄而散。在地面上很少走步，一般做跳跃运动。作为著名的食虫益鸟，常被引进以保护经济林。随着自然环境中昆虫数量的减少，它们也常常偷盗果园种植的水果。

• 驯养注意事项 •

天性不畏人，容易驯服。先用小型竹笼饲养；当雏鸟将会飞时，再移放到大笼里饲养。若捕捉成鸟，也能较快地适应人工饲养环境。日常管理方面应注意食水清洁以及粪便的处理。小心鸟架附近的障碍物，防止鸟脖因线缠绕而受伤。中国不允许家养。

喜鹊

喜鹊小名片	
科名	鸦科
别名	普通喜鹊、欧亚喜鹊
体长	40 ~ 50 厘米
繁殖期	3 ~ 5 月
产卵	5 ~ 8 枚
雌雄差异	羽色相似
食性	昆虫、其他小型动物、果实
产地	全世界分布
主要栖息地	荒野、农田、郊区、城市、公园和花园

喜鹊数量较多，喜欢与人类共居。性格机警，成群活动，白天觅食，夜晚在乔木顶端栖息，有时会与乌鸦等混群。飞翔能力较强，边飞边鸣叫，整个身体和尾部成直线，尾巴展开，较持久。通常筑巢于民宅旁的大树，无所不吃，适应性极强，具有攻击性。据说喜鹊可以预报天气晴雨。

• 驯养注意事项 •

家庭饲养时多采用放养的方式。多从雏鸟开始喂养，可与主人交流。成鸟可食用颗粒饲料，也可使用自制蛋米，最好每天喂给水果、青菜，避免高糖和高油脂的食物。具有较高的表演技能，可训练叼物，个别喜鹊还能学会人语言或模仿各种声音。中国不允许家养。

学舌鸟

学舌，指的是学习人类的语言。科学上认为凡是模仿自身以外自然界声音的都可称为“学舌”。能够学会人语的大多是幼鸟，它们可能是把人类当作同类，试图与同类联络。

虎皮鹦鹉

虎皮鹦鹉小名片	
科名	鹦鹉科
别名	娇凤、彩凤、鹦哥
体长	10 ~ 20 厘米
繁殖期	6 月 ~ 翌年 1 月
产卵	4 ~ 8 枚
雌雄差异	羽色相似
食性	谷粒、嫩芽、水果
产地	原产于澳大利亚，现全球分布
主要栖息地	灌木丛、森林、草原、农场田园等

虎皮鹦鹉是全世界最普遍的鹦鹉种类，广受欢迎，现已有上千种变种。常常聚群活动，受惊会整群飞起。每只鸟在群体中都有自己的位置，白天一起饮水、觅食、休息，夜晚再回巢穴过夜。天性友善、顽皮，不怕人，偶然彼此会争吵，行动没有固定路线。国外时常会举办虎皮鹦鹉选美比赛。虎皮鹦鹉平均寿命约 7 年。

• 驯养注意事项 •

该鹦鹉易于饲养和繁殖，是很好的养鸟入门品种。管理粗放，可喂养粗饲料，鉴于其爱啃咬的天性，最好选择金属笼饲养。若从小训练，可能会学会人语，若任由成鸟自己喂养则基本无法学舌。一般成对饲养。

喋喋吸蜜鹦鹉

喋喋吸蜜鹦鹉小名片	
科名	鹦鹉科
别名	红猩猩、噪鹦鹉
体长	约 30 厘米
繁殖期	5 月到 11 月底
产卵	2 枚
雌雄差异	羽色相同
食性	花粉、花蜜、果实
产地	印度尼西亚、巴布亚新几内亚及太平洋诸岛
主要栖息地	高地的森林地区

喋喋吸蜜鹦鹉原产于印度尼西亚，是一般印度尼西亚家庭中最常见的宠物鸟之一。天性活泼，大多成对活动。它们细长的舌头上有刷状的毛，便于伸入花朵刷取花蜜，体内有专门的酶可分解高糖成分，对谷物的消化能力较差。喜爱洗澡，具有攻击性，繁殖期包括饲主在内都会被噬咬。能够模仿各种声音和人语，若从小饲养训练，会成为可爱的家庭宠物。

• 驯养注意事项 •

该鹦鹉嗜吃甜食，喜欢啃咬，喜欢水浴，与彩虹吸蜜鹦鹉在饲养上有很多相似之处。由于特殊的生理构造，它们的砂囊处理硬食的能力较弱，因此几乎不能食用谷物饲料。可选用塑料和电镀金属丝制作的鸟笼。每天应更换清洁饮水，每周清理1次粪便，夏季不宜将笼子放在强光下直晒。中国不允许家养。

角百灵

角百灵小名片	
科名	百灵科
别名	–
体长	15 ~ 17 厘米
繁殖期	5 ~ 8 月
产卵	2 ~ 5 枚
雌雄差异	羽色略相似
食性	草籽、昆虫、嫩芽
产地	中国西南地区，美洲、印度次大陆
主要栖息地	高山、高原草地、荒漠、草地或岩石上

角百灵一般单独或成对活动，迁徙季节或冬季喜结群活动觅食。属小型鸣禽，主要在地上活动，善于短距离奔跑，鸣叫声清脆婉转，常在空中鸣唱。受惊后抬头张望，危险临近则短距离飞开。该鸟在中国分布很广，由于以昆虫和杂草种子为食，对植物保护有重要意义。作为笼养观赏鸟，也具有很高的保护价值。

• 驯养注意事项 •

角百灵善于模仿多种鸟叫。想要训练它的技能，首先要确保买的是雄鸟，训练也必须从雏鸟开始。由于栖息环境被破坏，得到幼鸟的概率很低，难以看到训练很好的成年鸟。饲料以谷、黍为主，再添加蛋米。食碗选较深的款式，不宜过大。目前还没有人工繁育的。中国不允许家养。

凤头百灵

凤头百灵小名片	
科名	百灵科
别名	凤头阿鹨儿、大阿勒
体长	17 厘米左右
繁殖期	5 ~ 7 月
产卵	4 ~ 5 枚
雌雄差异	羽色相似
食性	草籽、嫩芽、浆果、昆虫
产地	欧洲大陆和非洲大陆北部
主要栖息地	干燥平原、旷野、沙漠边缘、草地、荒地、河边、农田等

在百灵科中凤头百灵体形略大，除繁殖期外大多集群生活。羽色与麻雀相似，腿、脚强健有力。飞行能力极强，常见直冲入云之态；或接连振翅，波状飞行，并在缓慢下降时发出清脆悦耳的鸣唱。羽毛颜色不显眼，受惊后习惯隐藏不动。主要以植物为食，也捕食蚱蜢、蝗虫等，对保护农林有益，应加强保护。

• 驯养注意事项 •

凤头百灵善于模仿各种鸟叫，最好从小养起，用软食喂养，以绿豆粉、玉米粉、熟鸡蛋为主。选用专门的百灵笼，笼内设有凤凰台，栖木。注意保温，繁殖期要加强营养。喜欢沙浴，要经常更换消毒过的沙子。

虎纹伯劳

虎纹伯劳小名片

科名	伯劳科
别名	虎鸭、粗嘴伯劳
体长	16.5 厘米左右
繁殖期	5 ~ 7 月
产卵	4 ~ 7 枚
雌雄差异	羽色相似
食性	昆虫、蜥蜴、小鸟
产地	中国东北、华中、华东地区
主要栖息地	次生阔叶林、灌木林和林缘灌丛地带

虎纹伯劳性格凶猛，善于捕猎，常埋伏在固定场所，伺机抓捕猎物。通常栖息在多林地带，藏身其中，发现猎物后出击，得手后返回原地。主要食物是蝗虫、蟋蟀、甲虫等昆虫，也吃小鸟和蜥蜴、杂草和种子。由于身体两侧羽毛有横斑纹，因此得名“虎纹”伯劳。该鸟分布范围广，无亚种，种群数量稳定。

• 驯养注意事项 •

适合在架上饲养，鸟架可挂于室内高处。也可用画眉笼饲养。喂食以软食为主，粪便较稀，应注意食物和用水卫生。善于模仿各种鸟叫声，不可与其他小鸟同笼混群饲养。中国不允许家养。

棕背伯劳

棕背伯劳小名片	
科名	伯劳科
别名	大红背伯劳
体长	23 ~ 28 厘米
繁殖期	4 ~ 7 月
产卵	3 ~ 6 枚
雌雄差异	羽色略相似
食性	昆虫、蜥蜴、小鸟
产地	中国东北、华中、华东地区
主要栖息地	低山丘陵和山脚平原地区；园林和农田

棕背伯劳一般单独活动，繁殖期才会成对出现。通常在田间或路边高处张望，发现猎物后，立刻追捕，再返回原处进食。与大多数伯劳科鸟类相同，性情凶猛，能够捕杀昆虫、小鸟以及其他小动物。领域意识很强，会主动驱赶入侵自己领地的人，特别是在繁殖期间，激动时尾部会不停向两边摆动。分布较广，是我国较为常见的低山疏林灌丛鸟类。

• 驯养注意事项 •

该鸟是肉食性鸟类，日常饲养与其他鸟类相同。善于模仿各种鸟叫声。以软食为主，要注意卫生状况。活的昆虫可用手拿着饲喂。中国不允许家养。

黑喉噪鹛

黑喉噪鹛小名片

科名	画眉科
别名	黑喉笑鸫、山土鸟
体长	23 ~ 29 厘米
繁殖期	3 ~ 8 月
产卵	3 ~ 5 枚
雌雄差异	羽色相似
食性	杂食性，昆虫、浆果、嫩芽均可
产地	中国华南和西南地区；柬埔寨、缅甸、越南、泰国、老挝
主要栖息地	常绿阔叶林、热带季雨林和竹林、农田

中型鸟类，有 5 个亚种。一般数只结群活动，偶尔有单独或成对出现。不善飞翔，常在灌丛中蹦跳，个体之间用叫声相互联系。具有极强的社群性，被冲散后会重新聚到一起。活动时经常鸣叫，叫声响亮圆润，在山谷中回荡，因此有“山呼”（传为“珊瑚”）鸟之称。因叫声响亮动听，又善于模仿各种鸟叫，常被作为观赏鸟饲养。

• 驯养注意事项 •

该鸟是国内饲养数量仅次于画眉的鹛类，知名度和价格相对较低。饲养方法可参照画眉，宜多水浴。不要轻易更换笼子，饲料和饮水要随时添加。训练时要尽量避免外界干扰，保持新鲜刺激，过于单调影响训练效果。同一种鸟学习能力也是有差异的。中国不允许家养。

鹩哥

鹩哥小名片	
科名	椋鸟科
别名	秦吉了、九宫鸟
体长	23.4 ~ 30.4 厘米
繁殖期	4 ~ 6 月
产卵	2 ~ 3 枚
雌雄差异	羽色相似
食性	杂食性，如野果、昆虫等
产地	中国华南和中南半岛
主要栖息地	常绿阔叶林、落叶林、竹林和混交林

鹩哥常栖息于山林及开阔地上，3 ~ 5 只结成小群活动。具有极强的社群性，一只鸣叫，群鸟呼应。主要以昆虫为食，也喜吃无花果，会与八哥、椋鸟等合群在果树上觅食。鹩哥是中国最著名的学舌鸟，经过训练后，不仅能学人语，还能模仿语调。不过，野生鹩哥从不模仿人类语言。

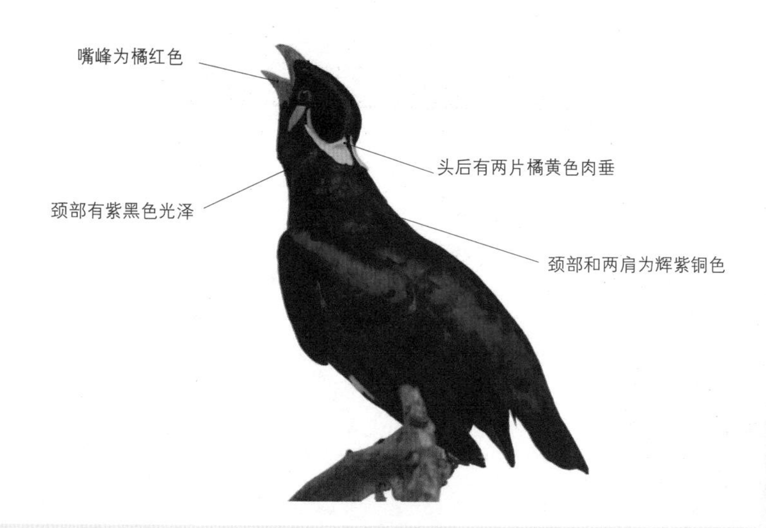

• 驯养注意事项 •

鹩哥无论雌雄，在学话的能力上差异不大。适合笼养，可选择圆形竹丝笼，内配食罐结合水罐。饲料偏爱软食，可用画眉饲料。喜欢水浴，最好将笼底撤去浸在水里，让它自己洗澡。鸟笼平时不要挂在风口。中国不允许家养。

黑枕黄鹂

黑枕黄鹂小名片	
科名	黄鹂科
别名	黄鹂、黄莺、黄鸟
体长	26 厘米
繁殖期	5 ~ 7 月
产卵	3 ~ 5 枚
雌雄差异	羽色相似
食性	昆虫、果实、种子
产地	中国、俄罗斯、朝鲜、印度、东南亚等地
主要栖息地	天然次生阔叶林、混交林

黑枕黄鹂属中型雀类。通常在高大乔木的树冠层活动，很少到地面。大多单独或成对活动，也能见到 3 ~ 5 只的小群。林间穿梭时边飞边鸣，鸣声富有金属感，还能变换腔调和模仿其他鸟的叫声。黑枕黄鹂体羽以金黄色为主，有“金衣公子”的美称。在中国主要为夏候鸟，部分为留鸟。因嗜吃昆虫，对植物保护有重要意义，需予以保护。

• 驯养注意事项 •

该鸟对温度敏感，畏寒，应该养在相对恒温的环境里。笼子要选高大、坚固的类型，尽量挂得高一点。食罐和水罐需选择较深的。每周彻底清洗鸟笼和食、水罐；每日补充新鲜饮水。若从小饲养，可能会学会猫叫和口哨。中国不允许家养。

八哥

八哥小名片	
科名	椋鸟科
别名	鸲鹆了哥、鸜鹆
体长	23 ~ 28 厘米
繁殖期	4 ~ 8 月
产卵	3 ~ 6 枚
雌雄差异	羽色相同
食性	杂食，喜食虫子
产地	中国南方各地
主要栖息地	次生阔叶林、竹林和林缘疏林；农田、牧场

八哥性格活泼，喜成群活动，傍晚时可见到大群八哥在树上栖息过夜。有时站在水牛背上，有时在屋脊上排成一行；傍晚时还会在空中飞舞，噪鸣后才会平息。八哥是最常见的学舌鸟，具有极强的行为可塑性。它能模仿简单的人语，也能模仿其他鸟的叫声，是颇受欢迎的笼养鸟品种。八哥在中国南方比较常见，也是重要的农林益鸟。

• 驯养注意事项 •

可以笼养、架养，甚至放养。笼养能够限制其过旺的精力，集中注意力，便于训练。八哥对饲料的要求较低，软食、硬食、荤、素都可以，也可以自己制作蛋米饲喂。喜欢洗澡，除了冬季外每日均可水浴1次。中国不允许家养。

蓝点颏

蓝点颏小名片

科名	鹟科
别名	蓝喉歌鸲、蓝靛杠
体长	12 ~ 13 厘米
繁殖期	5 ~ 7 月
产卵	4 ~ 7 枚
雌雄差异	羽色略有不同
食性	昆虫和少量种子
产地	欧亚大陆和北美大陆北部
主要栖息地	灌丛或芦苇丛中

蓝点颏体型与麻雀相似，生性胆小。雌鸟酷似雄鸟，但颏部、喉部为棕白色。其飞行高度较低，喜欢在地面跳跃、奔走，并扭动或展开尾羽。常常栖息在灌丛或芦苇中，并在其中筑巢。善于鸣叫，平时多发单音，繁殖期的鸣声十分饱满，轻柔如铃声，具有节奏感，还能模仿虫鸣叫。与红点颏齐名，是很受欢迎的笼养宠物鸟。

• 驯养注意事项 •

该鸟吃粉料或小昆虫，注意饮水清洁，每日更换。夏天每日进行水浴，冬季气温低于0℃需要转移到室内饲养。蓝点颏性格活泼，最好每天遛鸟、晒太阳。另外，换羽期要加强营养，多给活食。

日本歌鸲

日本歌鸲小名片	
科名	鸫科
别名	歌鸲
体长	13.3 ~ 14 厘米
繁殖期	5 ~ 7 月
产卵	5 ~ 6 枚
雌雄差异	羽色略有不同
食性	昆虫和种子
产地	中国、韩国、日本、俄罗斯
主要栖息地	山地混交林和阔叶林中

日本歌鸲常栖息于水边的灌木丛，平时在水边地面觅食，捕食昆虫，如蚂蚁、蜘蛛、蜗牛、苍蝇等。性情机警，受惊时会快速躲进水边树丛。鸣叫时尾部上下摆动，头部仰起，叫声嘹亮，十分动听。该鸟能够模仿虫鸣和哨声。走动如同跳跃，同时尾巴向竖直举起，不时发出长鸣，单调而高亢。主要在日本北部繁殖，冬季时迁徙到中国南方。

• 驯养注意事项 •

该鸟通常只养雄鸟。饲养时可参照八哥。可笼养，设水罐、食罐各一。外置笼衣，可以让鸟在必要时安静下来。软食、硬食都可以，也可用颗粒饲料或自己制作的蛋米。中国不允许家养。

红点颏

红点颏小名片	
科名	鸫科
别名	西伯利亚歌鸲、红颏
体长	14 ~ 17 厘米
繁殖期	5 ~ 7 月
产卵	4 ~ 5 枚
雌雄差异	羽色略不同
食性	昆虫、种子
产地	中国、西伯利亚、蒙古、日本、朝鲜等
主要栖息地	次生阔叶林和混交林；草丛或芦苇丛；近水流的地方

红点颏是迁徙候鸟，常出现在近溪流处。喜欢在地面跳跃、奔跑，在芦苇和小树林中活动和觅食，很少在大树上活动。雄鸟善鸣叫，发情期鸣声尤其婉转悦耳，通常在清晨、黄昏以至月夜歌唱；还能模仿蟋蟀等虫的鸣声。红点颏又名西伯利亚歌鸲，与蓝点颏、蓝歌鸲称为“歌鸲三姐妹”，是中国传统名贵笼鸟，多饲养于古代皇家宫廷中。

• 驯养注意事项 •

饲养有难度，一般寿命在5年左右。饲料以粉料和蛋米为主，并经常给新鲜的牛羊肉或面粉虫。保持清洁，每天更新食水，笼底的布垫要经常消毒和更换。此鸟喜水浴，应保证浴水。换羽期十分关键，多给活食和其他动物性饲料。

鹊鸲

鹊鸲小名片

科名	鹟科
别名	吱渣、信鸟、四喜
体长	21 厘米左右
繁殖期	4 ~ 8 月
产卵	4 ~ 6 枚
雌雄差异	羽色略有不同
食性	以昆虫为主，少食野果和草籽
产地	中国、印度、不丹、孟加拉国
主要栖息地	次生林、竹林、林缘疏林灌丛和小块丛林；果园及耕地

鹊鸲性格活泼，高兴时会在树枝或建筑外墙上鸣唱不停，因此有“四喜儿”之称。一般单独或成对活动，栖息于树梢时常展翅、翘尾，边鸣叫边跳跃；善模仿其他鸟叫。繁殖期十分好斗，为争雌可持续争斗 1 ~ 2 个小时。该鸟属留鸟，在中国长江流域和长江以南地区较为常见。喜吃昆虫，对农林有益，应予以保护。该鸟是孟加拉国的国鸟。

• 驯养注意事项 •

该鸟四季都喜欢鸣唱，很多人乐于饲养这种鸟。一般只养雄鸟。可用粉料喂养，多给活虫。喜欢水浴。食、水罐应每日清洗并更换新鲜饮水。换羽期要加强营养，增加蛋白质饲料比例。中国不允许家养。

乌鸫

乌鸫小名片	
科名	鸫科
别名	百舌、反舌、中国黑鸫
体长	21 ~ 29.6 厘米
繁殖期	4 ~ 7 月
产卵	4 ~ 6 枚
雌雄差异	羽色略有不同
食性	杂食性，以昆虫为主
产地	欧洲、非洲、亚洲大部
主要栖息地	次生林、阔叶林、针阔叶混交林等

乌鸫是各地经常可见的野鸟，通体黑色的雄性乌鸫常被误认为“乌鸦”。该鸟喜结群活动，在地面蹦跳，于落叶草丛中翻找昆虫或无脊椎小动物，冬季食物不充足也会吃野果和杂草种子。性情温和、胆小，十分机警，受惊后会离开原栖地。繁殖期雄鸟鸣唱极其优美，有“百舌鸟”的美誉；善于模仿各种鸟叫。乌鸫是瑞典国鸟。

• 驯养注意事项 •

易于饲养，管理十分粗放。用八哥笼或画眉笼皆可。成鸟可喂养蛋米。喜水浴，夏季可每天一次，冬季一周水浴一次。鸟笼和食罐、水罐应每日清洁。换羽期要补充微量元素和维生素。

普通朱雀

普通朱雀小名片

科名	雀科
别名	红麻料、青麻料
体长	13 ~ 16 厘米
繁殖期	5 ~ 7 月
产卵	3 ~ 6 枚
雌雄差异	羽色不同
食性	种子、嫩芽、浆果、昆虫、花朵
产地	中国大部、欧亚大陆北部其他地区
主要栖息地	针叶林、针阔叶混交林、林缘地带

普通朱雀是小型鸟类，性格活泼，常在树木或灌丛间飞来飞去。飞行时两翅迅速扇动，呈波浪状前行。平时较少鸣叫，繁殖期雄鸟会于早晚在枝头鸣叫，鸣声悦耳多变。通常单独或成对活动，或结成几只到十几只的小群一起觅食。该鸟分布广泛，种群数量丰富，在中国主要为留鸟。因羽色艳丽、鸣声动听，易于饲养，成为很好的笼养鸟品种。

• 驯养注意事项 •

务必保证饮水和食物的充足，定期给其水浴。性格温顺，对饲料不挑剔，管理粗放。繁殖期多加营养。其他方面饲养与八哥相似。中国不允许家养。

灰椋鸟

灰椋鸟小名片

科名	椋鸟科
别名	高粱头
体长	18 ~ 24.1 厘米
繁殖期	5 ~ 7 月
产卵	5 ~ 7 枚
雌雄差异	羽色相似
食性	昆虫、种子、嫩芽
产地	中国各地、欧亚大陆及非洲北部
主要栖息地	疏林草甸、河谷阔叶林，林缘灌丛和次生阔叶林等

灰椋鸟喜集群活动，平时在农田、河谷等潮湿的地上活动和觅食，在树木枯枝和电线上休息。飞行速度较快，整群飞行。一只受惊，其他群内成员纷纷响应。鸣叫声较为单调。在中国每年 3 月末迁到北方繁殖，秋季时集成大群南迁。主要以昆虫为食，冬季食物不足时也会吃植物果实和种子。若从小驯养，可教会人语和各种动物叫声。

• 驯养注意事项 •

耐寒，可粗放管理。饲养以颗粒饲料为主，隔日添加软食。水罐每日或隔日清洗并更换新鲜饮水。笼内栖杠、鸟笼和器具最好每周彻底清洗一次。中国不允许家养。

长冠八哥

长冠八哥小名片	
科名	椋鸟科
别名	巴厘岛八哥
体长	约 25 厘米
繁殖期	–
产卵	2 ～ 3 枚
雌雄差异	羽色相同
食性	昆虫、浆果、种子、嫩芽
产地	印度尼西亚巴厘岛
主要栖息地	海岸附近长有长草的草原

大型椋鸟。无论雌雄，头部都长有丝带状的羽冠，十分美丽。1910 年由英国鸟类学家沃尔特 · 罗斯柴尔德命名，因而又名罗斯柴尔德八哥。通常三五成群生活在海岸附近的草原上，觅食果实和昆虫。繁殖期时雄鸟会竖起头冠，摆动头部，并且变得极为凶猛，以捍卫领地。该鸟分布范围极为狭窄，仅见于印尼的巴厘岛，目前已处于“极危”状态。

• 驯养注意事项 •

该鸟从幼时饲养可学会人语和各种动物叫声。饲养与八哥相似。印尼巴厘岛的特产鸟类，野生数量最少时不足30只。中国不允许家养。

家八哥

家八哥小名片	
科名	椋鸟科
别名	–
体长	24 ~ 26 厘米
繁殖期	3 ~ 7 月
产卵	4 ~ 6 枚
雌雄差异	羽色相似
食性	以昆虫为主，也吃浆果、种子、嫩芽
产地	中国南方，中亚到东南亚各地
主要栖息地	农田、草地、果园、村寨

中型鸟类。喜成群活动，也和斑椋鸟混群。该鸟平时栖于电线杆或树上，觅食时会下到地上，或站在家畜身上啄食寄生虫。能消灭农林害虫，但为占据巢穴也会破坏鸟蛋、杀害小鸟，驱逐小型哺乳动物，一定程度上破坏了自然生态。该鸟飞行时两翅白斑十分明显，从下面看如同“八”字，故有八哥之称。

• 驯养注意事项 •

喜水浴，常在水浴时鸣唱。夏季水浴可每日或隔日安排，春秋则适当减少。鸟笼要有笼衣，夜间挂在室内，冬季注意保暖。饲料以蛋米为主，适量添加青菜、水果和昆虫。中国不允许家养。

黑领椋鸟

黑领椋鸟小名片	
科名	椋鸟科
别名	花鹩哥
体长	28 厘米左右
繁殖期	4 ~ 8 月
产卵	4 ~ 6 枚
雌雄差异	羽色相似
食性	杂食性，以昆虫为主
产地	中国、缅甸、泰国、越南、老挝
主要栖息地	山脚平原、草地、农田、灌丛、荒地、草坡等

黑领椋鸟属留鸟。羽色黑白相杂成花斑，被称为“花鹩哥”。喜成对或结成小群活动，有时和八哥混群。通常在地面觅食，受惊后和夜栖时会飞上高枝。喜鸣叫，有人接近时，叫声更加频繁。杂食性，嗜吃昆虫，可学习发声说话。

• 驯养注意事项 •

习性与八哥相似。家庭饲养时应选择较大的鸟笼，如饲养鹩哥的圆形竹制笼。日常喂养以蛋米或昆虫幼虫为主，并偶尔提供肉末和瓜果。成鸟训练说话较难，最好在幼鸟期进行。中国不允许家养。

松鸦

松鸦小名片

科名	鸦科
别名	–
体长	28 ~ 35 厘米
繁殖期	4 ~ 7 月
产卵	3 ~ 10 枚
雌雄差异	羽色相似
食性	杂食性
产地	中国各地，欧亚大陆其他地区及非洲北部
主要栖息地	针叶林、针阔叶混交林、阔叶林

松鸦属留鸟。该鸟大多生活在山上森林里，很少在平原见到。通常结成 3 ~ 5 只的小群四处活动，或停栖在树顶，或躲藏在树叶丛里，从一棵树飞向另一棵树，边飞边叫，叫声单调、粗狂。松鸦能模仿其他动物叫声，如猫叫、狗叫、鸡叫等或学会一些简短的人语。在中国分布较广，对森林有益，应注意保护。

• 驯养注意事项 •

饲养方法与八哥类似。一般从幼鸟养起。松鸦性格调皮，能够自己开笼门，需在笼门上加扣锁。喜清洁，每周提供水浴。饲料以颗粒饲料为主，也可自行制作蛋米饲喂。食物应注重丰富程度，每日能提供少量肉食、水果和青菜为佳。

星鸦

星鸦小名片	
科名	鸦科
别名	–
体长	29 ~ 36 厘米
繁殖期	–
产卵	3 ~ 4 枚
雌雄差异	羽色相似
食性	果实、种子、昆虫
产地	中国西南及中部，欧亚大陆北部其他地区
主要栖息地	针叶林、果园、花园

星鸦一般栖息于针叶林中，嗜吃松子。与大多数鸦类一样，有储存坚果以备过冬的习惯。无论飞到哪里，都会勤奋地寻找松子或其他坚果，有时也会找到其他星鸦的库存。树洞、树根底下、灌木丛里，这些都是它们搜索的目标。星鸦喜单独或成对活动，偶然也会结群。叫声单调，不如松鸦刺耳，能够模仿羊叫和学会人语。

• 驯养注意事项 •

因有藏物的天性，需格外注意笼子的缝隙，应经常打扫，防止星鸦吃到变质食物影响健康。想要训练星鸦学会人语，应从小开始饲养。饲料以颗粒料为主，注意丰富食物种类。因嘴硬好啄，最好选择不易被破坏的食罐和水罐。

灰树鹊

灰树鹊小名片	
科名	鸦科
别名	–
体长	31 ~ 39 厘米
繁殖期	4 ~ 6 月
产卵	3 ~ 5 枚
雌雄差异	羽色相似
食性	果实、种子、昆虫
产地	中国、南亚、东南亚各地
主要栖息地	山地阔叶林、针阔叶混交林等

灰树鹊属留鸟，中型鸟类。通常成对或结成小群活动，也与其他种类混群。该鸟喜停栖在高大乔木的树顶，从一棵树飞向另一棵树，不停跳跃、活动和觅食。喜鸣叫，叫声尖厉。天性胆小，吵嚷，主要以浆果、坚果和种子为食，也吃昆虫和腐肉。能够模仿动物叫声，若从小训练，可能学会人语。

• 驯养注意事项 •

该鸟若想训练学人语，须从幼鸟养起，成鸟不太容易驯化。喂养幼鸟时可以将画眉饲料加水化开，添加蛋黄、菜叶等揉成食丸喂给幼鸟，一个月后逐渐过渡为常规饲料。宜用坚固的八哥笼或其他金属笼。注意笼内清洁，尤其饮水不可弄脏。中国不允许家养。

红嘴蓝鹊

红嘴蓝鹊小名片	
科名	鸦科
别名	赤尾山鸦、长尾山鹊
体长	54 ~ 65 厘米
繁殖期	5 ~ 7 月
产卵	3 ~ 6 枚
雌雄差异	羽色相似
食性	杂食性，喜吃昆虫和小型哺乳动物
产地	中国、缅甸、印度东北部
主要栖息地	主要在山区常绿阔叶林、针叶林、针阔叶混交林等各种森林中

红嘴蓝鹊为大型鸦类，外形飘逸，但天性凶猛，敢于主动围攻猛禽。平时多集群生活，经常 3 ~ 5 只或 10 余只成小群活动。较为活泼，以滑翔的姿态在树枝间飞来飞去，滑翔时尾羽展开，两翅伸展，不时振动两翼。受惊后会发出尖锐叫声，个别鸟能够模仿各种声音和学会少量人语。对农林有益，应多加保护。

• 驯养注意事项 •

该鸟具有攻击性，不可与其他鸟类养在一起。宜选用较大的笼子，避免伤害长尾。饲料避免高糖和高油脂的食物，以蛋米和颗粒饲料为主，再加以青菜、浆果和面包虫等。中国不允许家养。

大嘴乌鸦

大嘴乌鸦小名片

科名	鸦科
别名	巨嘴鸦、老鸦、老鸹
体长	50 厘米左右
繁殖期	3 ~ 6 月
产卵	3 ~ 5 枚
雌雄差异	羽色相同
食性	杂食性，以肉食为主
产地	亚洲东部，中国各地
主要栖息地	各种森林以及疏林和林缘地带

大嘴乌鸦为大型鸦类，食性很杂，包括垃圾和腐肉都吃。通常成小群活动，有时也与其他鸟类混群，偶尔也会集成数百只的大群。天性机警，主要在地上活动和觅食。双足有力，能跳能步行。智商较高，一般会维持多年的配偶关系。寿命为 10 ~ 20 年。繁殖期较凶悍，敢于攻击猛禽甚至人类。

• 驯养注意事项 •

该鸟智商较高，不适合笼养和架养，容易抑郁。嗜吃肉类，可用此保持鸟对主人的依赖。需要固定的夜栖场所。身上有寄生虫，需驱虫。可训练“叫远”，若想训练其说话，需有其他鸟作老师，但要防止这些“老师”被乌鸦驱赶和攻击。

蓝绿鹊

蓝绿鹊小名片

科名	鸦科
别名	–
体长	36 ~ 38 厘米
繁殖期	4 ~ 7 月
产卵	4 ~ 5 枚
雌雄差异	羽色相似
食性	杂食性，包括昆虫和小动物
产地	中国南部、东南亚、喜马拉雅山脉、印度尼西亚
主要栖息地	亚热带或热带的湿润低地、常绿阔叶林等地

蓝绿鹊属留鸟，在中国华南、西南地区较为常见。性格凶猛，会攻击认为可以吃的任何动物，甚至有的体型比自己都大。具有较强的领域感，会驱逐入侵的鸟类。个性机警，通常隐蔽在树丛中。喜单独或成对活动，也会结成 3 ~ 5 只的小群。一般在树上觅食，很少到地面。鸣声嘹亮、粗狂，且能模仿各种声音。

• 驯养注意事项 •

该鸟喜欢躲藏，最好笼子附近有绿色植物，以增加它们的安全感。笼子不要挂太高。性格凶猛，中国不允许家养。其他饲养注意事项与松鸦相同。

白颈鸦

白颈鸦小名片

科名	鸦科
别名	–
体长	48 厘米左右
繁殖期	3 ~ 6 月
产卵	3 ~ 4 枚
雌雄差异	羽色相同
食性	果实、种子、昆虫和其他小动物，腐肉
产地	中国东南沿海、中南半岛、欧亚大陆余部及非洲北部
主要栖息地	平原、丘陵和低山；农田、河滩和河湾等

白颈鸦天性机警，比其他同类更难接近，常常人稍一走近，即刻飞走。通常单独活动，很少集群。一般清晨会飞到田野觅食，夜晚在林缘树上过夜。在地面行动时逐步前行，四处张望保持警惕。常边飞边叫，鸣声洪亮。杂食性，以种子、昆虫、垃圾、腐肉等为食。由于人类过度使用农药和鼠药造成目前该鸟数量急剧减少。

• 驯养注意事项 •

体形较大，最好散养。食性极杂，能吃所有提供的食品，平时可用颗粒饲料、水果、谷物喂养，肉类可在训练和调教时使用。需要设定固定的夜间休息场所，经常清理打扫，减少寄生虫的危害。若从小饲养也可学会人语。

小嘴乌鸦

小嘴乌鸦小名片	
科名	鸦科
别名	细嘴乌鸦
体长	45 ~ 53 厘米
繁殖期	4 ~ 7 月
产卵	4 ~ 7 枚
雌雄差异	羽色相同
食性	果实、种子、昆虫和其他小动物，腐肉
产地	欧亚大陆、非洲东北部及日本
主要栖息地	矮草地和农耕地

小嘴乌鸦是城市、村庄中较为常见的鸟类。食性极杂，常常从垃圾中寻找食物，也吃动物尸体，有人类垃圾的地方经常看到小嘴乌鸦，也被称为“清洁工”。该鸟通常集结成大群共同栖息。小嘴乌鸦在中国分布十分广泛，是常见的留鸟，在南方少数地区属冬候鸟。

• 驯养注意事项 •

作为另类的宠物，饲养前最好争取家人的同意。小嘴乌鸦的饲养与大嘴乌鸦大致相同。由于性格调皮，喜欢恶作剧，不适宜与婴儿养在一起，但其极聪敏，可以作为青少年的宠物。

渡鸦

渡鸦小名片	
科名	鸦科
别名	渡鸟、胖头鸟
体长	60.7 ~ 71 厘米
繁殖期	–
产卵	3 ~ 7 枚
雌雄差异	羽色相似
食性	杂食性，吃谷物、水果以及其他动物包括鸟类
产地	北半球各地
主要栖息地	高山草甸及山区林缘地带

渡鸦是雀形目中体型最大的鸟类，有 12 个亚种。寿命很长，最长超过 40 年。具有较高的智力，有复杂的行为表现。通常单独活动，但也会结成小群觅食活动，偶然会看到集聚的大群。能模仿各种声音，包括人语和环境音；会捕猎无脊椎动物、两栖动物、哺乳动物等各类动物，兼具猛禽和鹦鹉的特点。

• 驯养注意事项 •

饲养难度较大。智商很高，调皮，饲养的人很少。不可笼养、架养。因个性突出，为其寻找配偶十分困难。具有较强的攻击性，要防止被啄。需要设置固定的“窝”以便其夜栖，注意清洁卫生，经常打扫。中国不允许家养。

橙翅亚马孙鹦鹉

橙翅亚马孙鹦鹉小名片	
科名	鹦鹉科
别名	橙翅青帽亚马孙鹦鹉
体长	30 厘米左右
繁殖期	各地不同
产卵	3~4 枚
雌雄差异	羽色相似
食性	坚果、浆果、嫩芽
产地	南美洲北部
主要栖息地	原始森林、山地、沼泽等

橙翅亚马孙鹦鹉原产自南美洲，1942 年引入欧洲，受到许多人的喜爱，被称为“近乎完美”的鹦鹉。该鸟聪明友好、文静灵敏，学习和模仿能力极强。在野外大多成对活动，有时会聚集成群，数量可达数百只，集体飞行时规模宏大，十分壮观。该鸟早晚鸣叫，较为嘈杂，吃食时却保持沉默。寿命可达 40 岁。

• 驯养注意事项 •

该鹦鹉对食物并不挑剔，胡萝卜、番薯等根茎蔬菜以及水果、谷类、坚果都能吃。可以使用鸟架，但需预防它们因无聊随意啃咬，因此要提供新鲜树枝备用。喜沐浴，爱玩耍，需要培养它的良好行为习惯，还要提供玩具增加其运动量。中国不允许家养。

黄冠亚马孙鹦鹉

黄冠亚马孙鹦鹉小名片	
科名	鹦鹉科
别名	单顶帽、小黄帽
体长	31 ~ 38 厘米
繁殖期	4 ~ 7 月（因地域而变）
产卵	2 ~ 4 枚
雌雄差异	羽色相似
食性	浆果、坚果、嫩芽
产地	中、南美洲的热带雨林
主要栖息地	林地、草原、沼泽地、潮湿森林的边缘地带、农耕区及市郊

该鸟又名黄冠鹦哥，因头顶有黄色羽毛如同“帽子”因而得名。有 4 种亚种，除了原生种外，其他三种都比较罕见。通常成群活动，有时可达数百只，集体飞行时嘈杂不已。喜食无花果，会在农作物中觅食，造成农业损失，因而遭到农民射杀。对环境的适应能力较强，聪明伶俐，能学人语、鸟叫和哨声。

• 驯养注意事项 •

宜成对饲养，能很快适应新环境，有较强的生命力，饲养难度较低。喜洗澡和啃咬，需提供新鲜树枝。个性亲和，中国不允许家养。其他方面可参考橙翅亚马孙鹦鹉。

灰鹦鹉

灰鹦鹉小名片	
科名	鹦鹉科
别名	灰鹦
体长	33 ~ 44 厘米
繁殖期	1 ~ 2 月或 6 ~ 7 月
产卵	2 ~ 4 枚
雌雄差异	羽色相似
食性	果实、嫩芽
产地	西非热带雨林
主要栖息地	低海拔地区及雨林

灰鹦鹉属典型攀禽。原产于非洲热带雨林，不善飞翔。喜爱在河流附近的棕榈树上停栖，具群居性。智商高，几乎有着人类 4 ~ 6 岁孩子的认知水平，也是世界上最会学舌的鹦鹉。喜吃各类种子、坚果等，也吃树皮和花，会给农作物造成损失。旱季时会成群迁徙，寻找果树，边飞边叫，十分嘈杂。非洲灰鹦鹉为一夫一妻制，从 3 岁左右开始繁殖，寿命约 50 年。

• 驯养注意事项 •

该鸟极为聪明，具有极强的学习能力，若从小与人为伴，将会终身依赖主人，模仿主人的行为。对食物并不挑剔，坚果、水果都能接受。若不断改变花样喂食，陪它们玩耍，会让它们感到愉悦。经过训练可识别物品、颜色、形状和数字等。中国不允许家养。

大紫胸鹦鹉

大紫胸鹦鹉小名片

科名	鹦鹉科
别名	德拜鹦鹉、四川鹦鹉
体长	38 ~ 48 厘米
繁殖期	6 月中旬
产卵	2 ~ 4 枚
雌雄差异	羽色相似
食性	种子、嫩芽等
产地	中国西藏、四川、云南；印度
主要栖息地	干燥及半干燥地区；热带低纬度森林、喜马拉雅山脉的丘陵地带

大紫胸鹦鹉是我国体型最大、饲养数量最多的学舌鹦鹉，因漂亮的外观和学舌本领受历代达官贵族的喜爱。该鸟雄鸟喙部为红色，雌鸟为黑色，容易分辨。大多结成十多只的小群共同活动，很少单独或成对出现。为寻找食物，会在各地迁移。叫声刺耳，聚集时格外嘈杂。在学舌的鹦鹉中，该鸟智力不算高。单一物种，分布不广，近年野外数量逐渐减少。

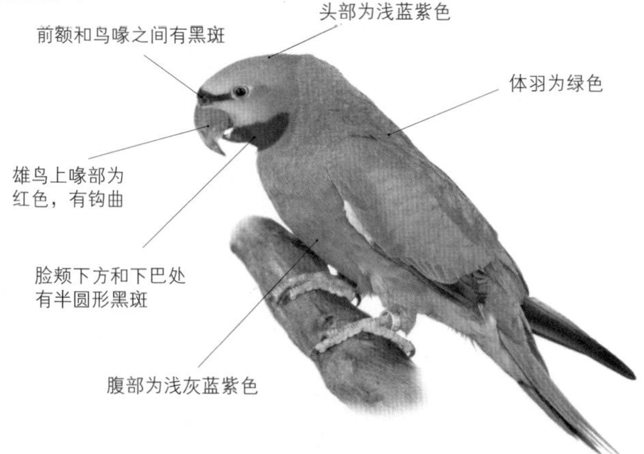

• 驯养注意事项 •

不可养在狭小的笼子里，每天需要放风活动。饲料以煮熟的玉米、葵花籽、苹果、香蕉为主，也可添加花生仁。该鸟喜欢吃零食，不能吃太咸。食物可以拿在手里喂。怕风，不怕冷，切忌用空调和风扇直吹鹦鹉。雄鸟羽色更漂亮。中国不允许家养。

绯胸鹦鹉

绯胸鹦鹉小名片	
科名	鹦鹉科
别名	鹦哥
体长	22 ~ 36 厘米
繁殖期	3 ~ 5 月
产卵	3 ~ 4 枚
雌雄差异	羽色略不同
食性	以坚果、谷物、浆果和种子为主
产地	中国西南部、中南半岛、印度尼西亚等地
主要栖息地	开阔林区、山麓丘陵;红树林区、椰子树林区、农耕区、公园、花园和郊区等

中型鸟类，有 8 个亚种。绯胸鹦鹉通常结成十余只或数十只的小群活动，善于上下攀缘。通常直线飞行，速度比其他鹦鹉都慢，夜晚栖于高大的树枝上；有时与八哥或其他鸦类混栖。飞行时十分嘈杂，进食时很沉默。喜鸣叫，鸣声粗壮，性格温顺，能学人语。属国内最常见的鹦鹉之一。

• 驯养注意事项 •

绯胸鹦鹉的饲养可参照大紫胸鹦鹉。雄鸟和雌鸟有同等学舌能力，但雄鸟观赏价值更高。若要笼养，最好选较大的笼子，可以成对饲养。若养在吊架上，要注意链子不要太长，以免伤害鹦鹉的身体。鹦鹉较为调皮，注意远离厨房和电线，并防止猫狗接近。中国不允许家养。

花头鹦鹉

花头鹦鹉小名片	
科名	鹦鹉科
别名	玫瑰头鹦鹉
体长	35 厘米左右
繁殖期	12 月 ~ 翌年 4 月
产卵	4 ~ 6 枚
雌雄差异	羽色略不同
食性	种子、水果、花朵、坚果、花粉、嫩芽等
产地	中国云南、广东、广西；中南半岛余部
主要栖息地	森林地带、次要林区、林地、农地、丘陵、干燥以及潮湿的热带草原等地

花头鹦鹉雄鸟头部为玫瑰红色，雌鸟为灰蓝色，容易区分。该鸟大多成对活动，有时组成十几只的小群四处游荡觅食。边飞边叫，叫声沙哑、刺耳，十分嘈杂。主要以种子等植物为食，有时会在农耕区破坏作物。作为环颈鹦鹉的一员，花头鹦鹉中的雌鸟居于支配地位，较为强势。

• 驯养注意事项 •

该鸟性格害羞、安静，可饲养。因雌鸟脾气乖张，不好驯服，一般选择雄鸟。对寒冷和潮湿的环境很敏感，对陌生食物也较难习惯，所以在人工驯化方面都相当有难度。中国不允许家养。其他日常管理可参照大紫胸鹦鹉。

红领绿鹦鹉

红领绿鹦鹉小名片

科名	鹦鹉科
别名	玫瑰环鹦鹉、环颈鹦鹉
体长	38 ～ 42 厘米
繁殖期	2 ～ 4 月
产卵	4 ～ 6 枚
雌雄差异	羽色略有不同
食性	果实与种子、嫩芽、花朵和花蜜
产地	中国、塞内加尔、几内亚、埃塞俄比亚、中南半岛
主要栖息地	各种森林；农耕区、市郊区、公园，果园等

红领绿鹦鹉属留鸟，喜成群活动，有时与八哥、喜鹊混群。叫声嘈杂，飞行迅速有力。个性不畏人，会聚集在觅食地点或附近的树木上。常在农耕区觅食稻米、玉米等，对农业破坏严重，被一些地区农民视为农业害鸟加以控制。叫声刺耳，可学人语，雌鸟更为强悍，会与雄鸟争斗。寿命可达 30 年。分布遍及亚非大陆，共 4 个亚种。

• 驯养注意事项 •

日常管理可参照大紫胸鹦鹉。饲养时可喂一些谷类，如稻谷、花生等混合喂养，并添加苹果等水果。成鸟一般难以训练。配对时要注意防止雌雄鸟争斗受伤。一般会在3岁以后繁殖，因为雌鸟喜欢较为老成的雄鸟。中国不允许家养。

葵花凤头鹦鹉

葵花凤头鹦鹉小名片

科名	凤头鹦鹉科
别名	大葵花凤头鹦鹉
体长	40 ~ 50 厘米
繁殖期	–
产卵	2 ~ 3 枚
雌雄差异	羽色相同
食性	种子、嫩芽、浆果、坚果、花朵和昆虫等
产地	澳大利亚北部、东部及南部；印度尼西亚的一些岛屿
主要栖息地	森林、农田等

葵花凤头鹦鹉为攀禽，有 4 个亚种。喜群居，常常结成数百只的大群，觅食时分散成小群各自活动。一般在地上觅食，负责警戒的鹦鹉会在有情况时发出警告。该鸟外形独特，愤怒时竖起的头冠像葵花一样。是世界著名珍稀观赏笼养鸟，受到人们的喜爱。寿命可达 80 年。

• 驯养注意事项 •

该鹦鹉长寿、聪明，对人类有很强的依赖性，需要花时间陪伴。喙的咬合力很强，能咬断细的链条，因此要经常检查拴脚的链条。羽粉较多，需要定期沐浴。可接受人的抚摸。中国不允许家养。

戈芬氏凤头鹦鹉

戈芬氏凤头鹦鹉小名片	
科名	凤头鹦鹉科
别名	戈氏凤头鹦鹉、小白巴丹
体长	30 ~ 35 厘米
繁殖期	–
产卵	2 ~ 3 枚
雌雄差异	羽色相似
食性	谷类、浆果、花朵、嫩芽、昆虫
产地	印度尼西亚
主要栖息地	沿海的森林

戈芬氏凤头鹦鹉是体形最小的白色凤头鹦鹉之一。分布十分狭窄，野生种群主要分布于印度尼西亚的塔宁巴尔群岛。一般在海岸边的森林里集成大群活动，有时也会在农作物田地里觅食破坏。个性温和，外表讨喜，智商较高，喜欢游戏。雄鸟眼睛虹膜为褐色，雌鸟偏红色，容易分辨。目前人工繁育有难度，数量不多，市面上较为罕见。

• 驯养注意事项 •

训练后可学会很多技巧，也能学人语。对食物不挑剔，饲养者提供的食物都可以吃。由于鸟喙的力量很大，最好养在金属笼子中。羽粉较多，需要定期沐浴。大部分的凤头鹦鹉都需要饲养人付出很多时间陪伴。中国不允许家养。其他管理可参照葵花凤头鹦鹉。

粉红凤头鹦鹉

粉红凤头鹦鹉小名片	
科名	凤头鹦鹉科
别名	玫瑰凤头鹦鹉、桃红鹦鹉
体长	35 厘米左右
繁殖期	–
产卵	2 ~ 6 枚
雌雄差异	羽色相似
食性	谷物、浆果、嫩芽、昆虫
产地	澳大利亚的东部、中部以及北部
主要栖息地	森林地带、草地、其他半干旱地区、牧区、公园

粉红凤头鹦鹉羽色迷人，是澳大利亚分布最广的鹦鹉之一。平时喜欢聚集成群，共同活动和觅食，也会和其他凤头鹦鹉混群，数量可达千只。杂食性，以各种植物种子为食，有时也会吃昆虫。大多在地上觅食，会破坏谷类作物和向日葵田，因而造成农作物损失。个性活泼好奇，是很多人喜爱的宠物鸟。

• 驯养注意事项 •

中国不允许家养。个性活泼。值得注意的是，该鸟在单只饲养情况下性成熟后会发生咬人的情况。其他管理可参照葵花凤头鹦鹉。一些动物园会引进群养，具备很高的观赏价值。

裸眼凤头鹦鹉

裸眼凤头鹦鹉小名片

科名	凤头鹦鹉科
别名	西长嘴凤头鹦鹉
体长	35 ~ 40 厘米
繁殖期	一年四季
产卵	2 ~ 5 枚
雌雄差异	羽色相似
食性	种子、浆果、坚果、嫩芽、花朵、昆虫
产地	澳大利亚和新西兰
主要栖息地	灌木丛林、开阔的森林地带以及水源的附近

裸眼凤头鹦鹉大多生活在水源附近的草地上，多只集体活动，有时甚至结成数百只的群体一起行动。进入繁殖期后，雌雄两只鹦鹉会离开各自的群体共同筑巢，待幼鸟长成后重新加入群体。早晚喜欢鸣叫，鸣声嘈杂，有人接近时也会发出尖叫声。喜吃植物种子，有时会到谷类、玉米和向日葵地里觅食，造成农作物损失。可以作为宠物鸟饲养，但国内数量不多，较为罕见。

• 驯养注意事项 •

该鸟喜欢在地上行走，散养时要小心意外踩伤。体格强健不易生病，但比较吵闹，经过培养能接受主人。鸟喙强健，喜欢啃咬任何木头，需提供新鲜木材供其啃咬，否则会咬自己的羽毛或雏鸟。可多对饲养。需定期除虫。中国不允许家养。

大白凤头鹦鹉

大白凤头鹦鹉小名片	
科名	凤头鹦鹉科
别名	雨伞凤头鹦鹉
体长	45 厘米左右
繁殖期	8 月
产卵	2 ~ 4 枚
雌雄差异	羽色相似
食性	水果、坚果、种子
产地	东南亚和大洋洲地区
主要栖息地	–

该鹦鹉头部有白色头冠，平时是收起的，激动时就会竖起来。叫声很大，嗓门是所有鹦鹉中最响亮的。一般成群活动和觅食，有时因群体数量过大成为当地的农业灾害。容易被驯服和饲养，成为人们喜爱的宠物。寿命很长，堪比人类，在 40 岁左右仍可繁殖。

• 驯养注意事项 •

野生鸟容易驯服，经过训练可学人语。喜欢乱叫，比较吵闹。为保持羽毛清洁，很多凤头鹦鹉的羽毛会脱落碎屑，易过敏和患呼吸道疾病的人最好不养。喜欢吃带壳的食物，如花生、葵花籽等，可以多喂一些。需要主人陪伴，否则可能会啄伤自己。中国不允许家养。

鲑色凤头鹦鹉

鲑色凤头鹦鹉小名片

科名	凤头鹦鹉科
别名	摩鹿加凤头鹦鹉
体长	约 52 厘米
繁殖期	7 ~ 8 月间
产卵	2 枚
雌雄差异	羽色相似
食性	种子、浆果、坚果、水果、嫩芽、花朵、昆虫
产地	印度尼西亚马鲁古群岛及周围邻近的小岛
主要栖息地	开阔的林地、沼泽区、溪河边的森林区等地

鲑色凤头鹦鹉体形硕大，外表美丽，因头冠为鲑鱼的粉红色故名“鲑色凤头鹦鹉”。雄鸟虹膜为黑色，雌鸟为黑褐色，容易区分。野生种群分布于印尼小岛，已在 1989 年列为濒临绝种的鸟类。该鸟通常成小群活动，偶尔聚集十多只，但随着数量减少，已经较为少见。晨昏时刻会发出响亮鸣叫。

• 驯养注意事项 •

日常饲养可参照葵花凤头鹦鹉。该鹦鹉胆子很小，对主人依赖性很强，需要陪伴。喜乱叫，叫声十分难听，普遍神经质。繁殖期容易受惊，受惊后会乱转，时常踩破鸟蛋和踩死雏鸟，因此常遭人嫌弃。中国不允许家养。

亚历山大鹦鹉

亚历山大鹦鹉小名片	
科名	鹦鹉科
别名	阿历山大鹦鹉
体长	56 ~ 62 厘米
繁殖期	11 月 ~ 翌年 4 月
产卵	3 ~ 4 枚
雌雄差异	羽色相似
食性	种子、果实、嫩芽
产地	东南亚、东南亚次大陆以及周边地区
主要栖息地	森林、农作物区、红树林、椰子园等地

该鹦鹉是亚洲最大的长尾鹦鹉，有 5 个亚种。能适应各种环境，以植物的种子和果实为主要食物，包含谷物，是农耕区的害鸟。个性温和，适合作为家庭宠物。能够学人语，经训练能学会一些技巧。该鹦鹉在印度、不丹和阿富汗等国家具有悠久的饲养历史。

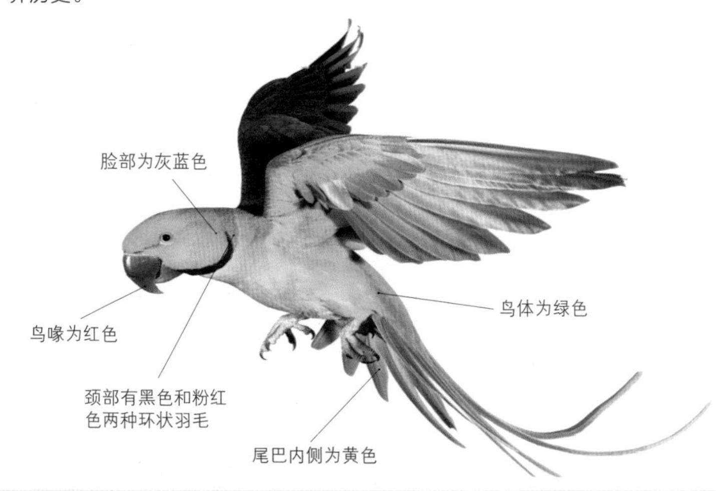

• 驯养注意事项 •

作为手养鸟既安静又聪明，喜欢与主人互动、玩耍，具有不错的说话能力。不能与其他鸟混养，因啃咬能力很强，需要提供耐咬的玩具。笼养和架养都可以，笼子不能太小。饲料管理较为粗放，谷物、坚果和其他果蔬都喜欢吃。体质一般，容易出现消化问题。中国不允许家养。

太阳锥尾鹦鹉

太阳锥尾鹦鹉小名片	
科名	鹦鹉科
别名	金黄鹦哥、太阳鹦哥
体长	30 厘米
繁殖期	2 岁以后，每年的 2 月
产卵	3 ~ 5 枚
雌雄差异	羽色相似
食性	种子、浆果、花朵、坚果，嗜吃仙人掌的果实
产地	南美洲热带雨林
主要栖息地	半落叶阔叶林和热带稀树草原

太阳锥尾鹦鹉的羽色亮丽，近年来我国引进数量较多。一般喜欢结成 4 ~ 12 只的小群活动，有时也会形成 30 多只的族群。常在干燥的灌丛间活动，因羽色突出难以隐蔽，飞行时发出刺耳的鸣叫，觅食时则很安静。该鹦鹉一夫一妻制，幼鸟 2 岁成熟，寿命在 25 ~ 30 岁之间。擅长模仿其他鸟的叫声，若从幼鸟养起，可学会人语。

• 驯养注意事项 •

日常饲养可参照亚历山大鹦鹉。宜养在较大的笼子里。喜啃咬，需准备玩具和新鲜的树枝供其使用。对食物不挑剔。宜养一对，或群养数只，最好能在院落中搭建较大的鸟笼。与其他配对的鹦鹉能如邻居一样共处，幼鸟也会在一起玩耍。中国不允许家养。

折衷鹦鹉

折衷鹦鹉小名片

科名	鹦鹉科
别名	红胁绿鹦鹉
体长	33 ~ 40 厘米
繁殖期	各地不同
产卵	2 枚
雌雄差异	羽色不同
食性	嫩芽、花蜜、水果、坚果、种子
产地	澳大利亚，印度尼西亚，巴布亚新几内亚，所罗门群岛
主要栖息地	森林、草原、红树林、椰子园以及农作物区

折衷鹦鹉的雄鸟和雌鸟差别极大，雌鸟一身暗红，雄鸟一身亮绿，形成强烈对比。一般单独、成对或结成小群集体活动；繁殖期时，能见到雄鸟吵闹地聚集在一起，而雌鸟较为隐匿，保持警惕。一般在树上觅食，喜爱香蕉、芒果、木瓜等水果，在部分地区因对农作物的破坏被当作害鸟。能学会人语、哨声和笑声。

• 驯养注意事项 •

野生折衷鹦鹉不易驯化，尤其雌鸟，很快衰弱死亡，因而价格极高。而雄鸟性格温和，更适合饲养。对饲料不挑剔，但品种要丰富。喜水浴，宜养在较大的笼舍里。其他方面可参照亚历山大鹦鹉。中国不允许家养。

琉璃金刚鹦鹉

琉璃金刚鹦鹉小名片	
科名	鹦鹉科
别名	蓝黄金刚鹦鹉
体长	90 厘米左右
繁殖期	各地不同
产卵	2 ~ 3 枚
雌雄差异	羽色相似
食性	水果、坚果、花朵
产地	中美洲和南美洲
主要栖息地	原始森林，有河流的平原密林

琉璃金刚鹦鹉是世界上色彩最漂亮、大体形鹦鹉之一。尾极长，属大型攀禽。脸部的花脸纹路极有特色，让人印象深刻。寿命一般超过 50 岁。配偶关系维系多年，每 2 ~ 3 年繁育 1 次，幼鸟跟随父母生活两年之久。野生种群通常成群或成对活动，有时与金刚鹦鹉混在一起。叫声非常响亮，食量也很大，在鸟店和动物园都可见到。

• 驯养注意事项 •

个性温和亲人，会看人脸色行事，易于训练，特别受人欢迎。对主人极其依恋，类似宠物狗，需要陪伴和玩耍，不然会大喊大叫。从幼鸟培养的鸟会比较胆小，极少会出现伤人的情况。无聊时会损坏笼具和家具。饮食十分简单。中国不允许家养。

紫蓝金刚鹦鹉

紫蓝金刚鹦鹉小名片	
科名	鹦鹉科
别名	蓝紫金刚鹦鹉
体长	100 厘米左右
繁殖期	11 月 ~ 翌年 4 月
产卵	1 ~ 2 枚
雌雄差异	羽色相同
食性	浆果、坚果
产地	巴西东北部
主要栖息地	落叶林地、棕榈树林

紫蓝金刚鹦鹉体长可达 1 米，是鹦鹉中体形最大的种类。该鸟原产巴西，羽色特别，数量稀少，身价昂贵，因偷猎和非法贸易面临严重的生存危机。野生的紫蓝金刚鹦鹉大多成群活动，很少落单。通常 2 ~ 8 只结成小群觅食，日落时回到树上栖息。进食时多半在地上进行。全年可繁殖，一生中只有一个伴侣，寿命可达 50 年。

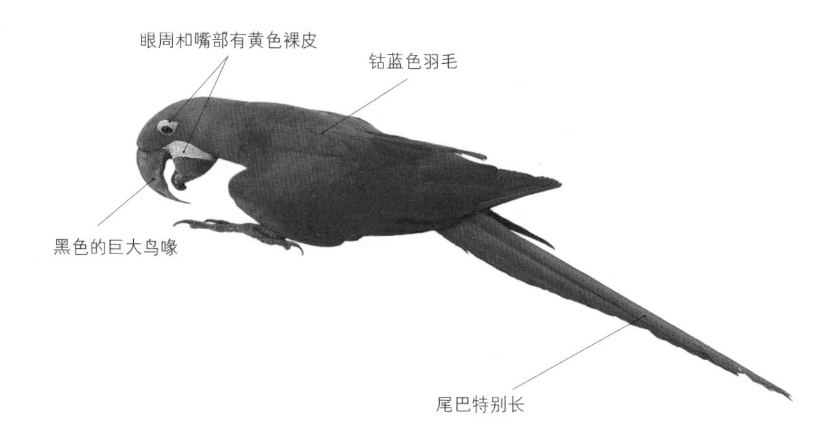

• 驯养注意事项 •

紫蓝金刚鹦鹉的巨大鸟喙啃咬力很强，须提供树枝供它们啃咬。具有较大的破坏性，笼舍有可能被毁坏。能够适应环境，对食物并不挑剔。雌性和雄性很难从外表上分辨，对比而言雌性体形较为纤细。其他方面可参照琉璃金刚鹦鹉。中国不允许家养。

五彩金刚鹦鹉

五彩金刚鹦鹉小名片

科名	鹦鹉科
别名	绯红金刚鹦鹉
体长	84 ~ 89 厘米
繁殖期	–
产卵	1 ~ 4 枚
雌雄差异	羽色相同
食性	浆果、坚果和其他各种树果
产地	中美洲、南美洲丛林
主要栖息地	潮湿热带低地

五彩金刚鹦鹉是大体形鹦鹉之一。性格活泼，有强烈的好奇心，通常聚在一起发出刺耳的叫声。白天停栖在树上吃坚果和种子。该鹦鹉在旅游景点较为常见，是人们合影的热门对象。易于训练，能与人友好相处，是国内常见的大型玩赏鹦鹉。寿命可达 80 年。

• 驯养注意事项 •

适应环境的能力较强，能够学会人语。啃咬能力强，须提供新鲜树枝供其使用。对主人十分依赖，早晚嚎叫容易吵闹。饮食要求很简单，以坚果为主，再添加水果和谷物即可。需要较大的饲养空间，繁殖期要注意保暖。中国不允许家养。